湖北省雪茄烟叶气象服务实用技术

任永建　余　君　刘　军　主编

气象出版社
China Meteorological Press

内容简介

近年来，我国烟草部门大力探索如何种植出优质的国产雪茄烟叶，借助“国产雪茄烟叶开发与应用”重大专项落地湖北的机遇，湖北雪茄烟叶种植面积逐年增多。气象条件对雪茄烟叶生产影响重大，本书以中国烟草总公司湖北省公司科技项目“湖北省雪茄烟优化种植的气象关键技术研究”(027Y2021-021)的研究内容为基础，部分章节则借鉴了科技项目“湖北省烤烟关键生育期气象指标推算与生态气候区划”(027Y2021-020)的研究方法和成果，通过总结与提炼相关学术成果，全面分析湖北省雪茄烟叶种植区的气候特征及相关指标，通过试验探究不同气象条件对烟叶品质的影响，为湖北省雪茄烟叶优化种植以及精细化防灾减灾服务提供技术支撑。

本书可供农业气象工作者、烟草行业工作者等相关专业人员参考。

图书在版编目（CIP）数据

湖北省雪茄烟叶气象服务实用技术 / 任永建，余君，刘军主编. -- 北京 : 气象出版社，2024.2
ISBN 978-7-5029-8153-2

Ⅰ. ①湖… Ⅱ. ①任… ②余… ③刘… Ⅲ. ①雪茄－烟叶－农业气象－气象服务－湖北 Ⅳ. ①S165

中国国家版本馆CIP数据核字(2024)第007310号

湖北省雪茄烟叶气象服务实用技术

Hubei Sheng Xuejiayanye Qixiang Fuwu Shiyong Jishu

出版发行：气象出版社
地　　址：北京市海淀区中关村南大街46号　**邮政编码**：100081
电　　话：010-68407112(总编室)　010-68408042(发行部)
网　　址：http://www.qxcbs.com　**E-mail**：qxcbs@cma.gov.cn
责任编辑：黄海燕　**终　　审**：吴晓鹏
责任校对：张硕杰　**责任技编**：赵相宁
封面设计：艺点设计
印　　刷：北京中石油彩色印刷有限责任公司
开　　本：787 mm×1092 mm　1/16　**印　　张**：8.5
字　　数：220千字
版　　次：2024年2月第1版　**印　　次**：2024年2月第1次印刷
定　　价：50.00元

编委会

前 言

国内雪茄产品市场快速增长，对雪茄原料需求持续增加。以往高端雪茄原料全部依赖进口，国产原料多用于低档产品，给国内烟草工业企业产品开发及成本控制带来了较大困难，也使得中国雪茄产业的持续稳定健康发展处于被动局面。为解决这一困局，2020 年由湖北省牵头实施的“国产雪茄烟叶开发与应用”重大专项启动，湖北雪茄烟叶产业实现稳健发展。为助力打好国产雪茄烟叶品质提升攻坚战，湖北省气象服务中心举全中心之力，联合气象、烟草、农业部门专家，共同开展了湖北省雪茄烟叶优化种植的气象关键技术研究，从气象角度解释怎样、在哪里能种出好的雪茄烟叶，以及湖北雪茄烟叶为什么好等问题。

作者及其研究团队多年来一直致力于烟草气象的研究，注重科技成果转化，积极在烟草专业气象服务中进行推广应用。本书以项目研究及部分论文成果为基础编写。附录 A 从实际生产出发编制《湖北省雪茄烟叶农业气象服务技术实用手册》，旨在为雪茄烟叶生产提供指导，为气象服务提供参考。附录 B 简述了雪茄烟叶生育期划分及特点。

受限于湖北省部分雪茄烟叶种植区仅有 2～3 年烟叶数据，部分章节在分析时给出了研究方法，分析过程采用烤烟数据，待雪茄烟叶数据积累完善后，再进行相关研究和替换。

全书共分为 8 章，由任永建、余君、刘军负责全书整体框架和章节结构设计及组织编写、统稿和文稿技术把关。参与编写的主要人员如下(按章节顺序)：第 1 章由任永建、余君、代娟、罗菊英编写；第 2 章由代娟、杨伟、刘阳编写；第 3 章由山亚平、邓平壤、鞠伟编写；第 4 章由周小涵、任永建、陶德欣编写；第 5 章由成丹、邓东杰、刘钰洁编写；第 6 章由王丽娟、夏金、黄欢编写；第 7 章由刘军、张震、吴松编写；第 8 章由成丹、吴栩、余君编写；附录 A 由张震、覃光炯、罗菊英、代娟、李文峰、刘静编写；附录 B 由罗菊英、乔保明、郑翔天、林丽燕、任恒编写。全书由张震、覃光炯、罗菊英、代娟完成审校。

恩施州烟草公司任晓红高级农艺师、宜昌市烟草公司袁跃斌高级农艺师、襄阳市烟草公司郭利高级农艺师、来凤县烟草公司谭绍安高级农艺师、湖北省气象服务中心陈正洪正研级高工等专家，对本书的编写提出了很好的建议，特此感谢。

本书涉及的是农学和气象学交叉的新兴学科，其知识体系尚在完善之中。由于编者水平所限，书中错误和不妥之处在所难免，敬请广大读者批评指正。

作者

2023 年 9 月

目 录

第1章 绪论

1.1 研究的重要性

国内雪茄烟消费势头强劲，已成为我国烟草行业新的增长点，对雪茄原料需求持续增加。近年来，我国烟草行业迅速加大了对原料供给及国产雪茄全产业链的搭建力度，中国烟草总公司四川、海南、湖北、云南等省公司先后开展了国产雪茄烟叶试验试种，四川、湖北、山东、安徽等中烟公司也积极探索了国产原料的应用技术。但由于整体起步较晚，目前还存在较多问题，同国外优质雪茄烟叶相比，国产雪茄烟叶整体质量明显偏低，国内工业企业茄衣、茄套和中高档茄芯全部依赖进口，国产原料多用于生产机制微型雪茄和用作部分低档手工雪茄茄芯，优质雪茄原料不足，限制了国产雪茄产品和产业发展空间。这些问题表明，国产雪茄烟叶生产和应用的关键技术仍未突破，仍存在明显短板和制约瓶颈，导致当前国产雪茄烟原料总体质量低下、供给水平不足，无法在中高端雪茄产品中有效应用，进而造成烟农收益和公司效益较低、工业无法摆脱对进口原料的高度依赖，国产雪茄烟全产业链没有有效贯通。

生态是决定农作物生长发育、农产品品质形成的核心要素。湖北是国内最重要的雪茄烟叶产区之一，目前在十堰丹江口、恩施来凤、宜昌五峰以及襄阳枣阳等区域全面开展试种、示范及规模化生产。但由于整体起步较晚，对于影响湖北各烟区的雪茄烟叶生长、品质形成的关键生态要素研究较少，对于湖北雪茄烟叶生态适宜性的分析也很缺乏，也未针对雪茄烟叶生产的精细化气象服务技术体系开展系统研究。

由于湖北雪茄烟叶种植区所处山区地形地貌的复杂性、气候条件的局地性，在适度规模种植规划、品种引进等方面，亟须结合当地实际进行精细化雪茄烟叶气候适宜性区划，为扩大湖北省雪茄烟叶种植规模和优化湖北烟草产业结构提供科学依据，更好地适应烟草行业市场发展战略和对特色优质烟叶原料的需求，提升湖北雪茄产业竞争力，优化区域化生产效益，能更好地提升烟叶生产气象服务水平，加强气象与烟草部门的沟通与合作，对提高烟叶生产经济效益具有积极意义。

(1)本书以湖北雪茄烟叶新品种的气候适宜性和优质雪茄烟叶品种可推广性研究为基础，逐渐扩大到全省烟区的气候适宜性研究，为有计划地加大湖北省雪茄烟叶种植规模和优化湖北烟草产业结构提供参考依据。

(2)由于湖北省雪茄烟叶种植区域的观测资料稀疏、误差相对较大，以及复杂山区特殊地理环境，基于加密区域站、模式再分析资料的烟区气象要素精细化推算显得尤为重要，可为项目研究提供基础分析资料。

(3)研究得出的国产雪茄烟叶品质的关键气象技术分析方法，以及基于人工智能方法的雪茄烟叶品质的年际预测，可为保证湖北国产雪茄烟叶优化种植和推广提供技术保障。

(4)基于复杂山区地形地貌的精细化雪茄烟叶种植气候适宜性区划方法，在其他类似山区或当地其他作物引种和推广等方面也具有参考和借鉴价值。

(5)结合当地烟叶生长关键指标，制定湖北省雪茄烟叶气象服务技术体系，可为烟叶生长关键期、重大灾害天气影响期烟叶精细化防灾减灾服务提供技术支撑。

1.2 湖北省雪茄烟叶种植情况

1.2.1 发展概况

湖北是国内四大雪茄烟区之一，湖北烟叶种植历史悠久，为最佳的传统晾烟区。自 2011 年起，湖北省充分利用在晾烟领域的生态、技术及生产基础优势，大力开展雪茄烟叶原料开发，首先在来凤县引进试种印度尼西亚雪茄烟品种 H382，试种面积 400 亩①，当年收购 365 担②；2012 年生产规模扩大到 806 亩、906 担；2014—2015 年种植面积保持在 3000 亩左右，但因基础配套设施不完善、发展定位不明确等因素影响，生产的茄衣、茄芯烟叶未能完全得到工业企业认可；2016 年开始，全面总结经验教训，及时调整发展思路和方向，确立了"以生产优质茄芯为主，带动优质茄衣茄套"的发展定位，经过努力实现了来凤雪茄烟叶种植区域和职业烟农基本稳定的目标，建立了雪茄烟叶种植、晾制、发酵系列技术体系，形成了较为完善的技术规程，烟叶质量和工业认可度得到大幅提升。

2020 年，在"国产雪茄烟叶开发与应用"重大专项的推动下，中国烟草总公司湖北省公司制订了《"湖北中式雪茄烟叶原料开发与应用"2020 年工作方案》，湖北与雪茄工业企业全方位合作，在丹江口市、来凤县、五峰县、枣阳市等地开展雪茄烟叶试种、示范及规模化生产，2020 年总面积为 3600 余亩。长城雪茄烟厂、三峡卷烟厂等企业高度认可湖北雪茄烟叶品质，认为其具有木香、烘烤香、焦甜香、干草香、豆香、粉脂香、蜜甜香，香气醇和、较丰富，烟气较饱满、流畅，甜润度好，燃烧性较好，烟灰灰白，总体以清甜香为主，浓度温和。长城雪茄烟厂结合自身"醇甜香"中式雪茄品牌发展需求，提出 2021 年丹江口优质雪茄烟叶采购计划，2021 年丹江口雪茄烟叶种植增加到 1250 亩。2022 年，来凤、丹江口、五峰雪茄烟叶种植面积均有所增加，总种植面积达 6340 亩(表 1.1)。

表 1.1　2011—2022 年湖北省雪茄烟叶种植面积　　单位：亩

	年份											
	2011	2012	2013	2014	2015	2016	2017	2018	2019	2020	2021	2022
来凤	400	805	900	3000	3000	2300	2300	1700	2000	3300	3500	3940
五峰										70	170	530
丹江口										220	1250	1770
枣阳										5		100
合计	400	805	900	3000	3000	2300	2300	1700	2000	3595	4920	6340

注：2020 年恩施市种植茄衣 CX-07 与 CX-10 共 10 亩，全省雪茄种植面积共 3605 亩。

① 1 亩 $=1/15\ hm^2$，下同

② 1 担 =50 kg，下同

1.2.2　种植区

目前,我国雪茄烟叶种植主要集中在长江流域及其以南地区,比如四川、湖北、云南、海南等省份。湖北作为我国四大雪茄烟叶种植区之一,是"国产雪茄烟叶开发与应用"重大专项的牵头者,主要在丹江口市、来凤县、五峰县、枣阳市开展雪茄烟叶试种、示范及规模化生产(图 1.1)。

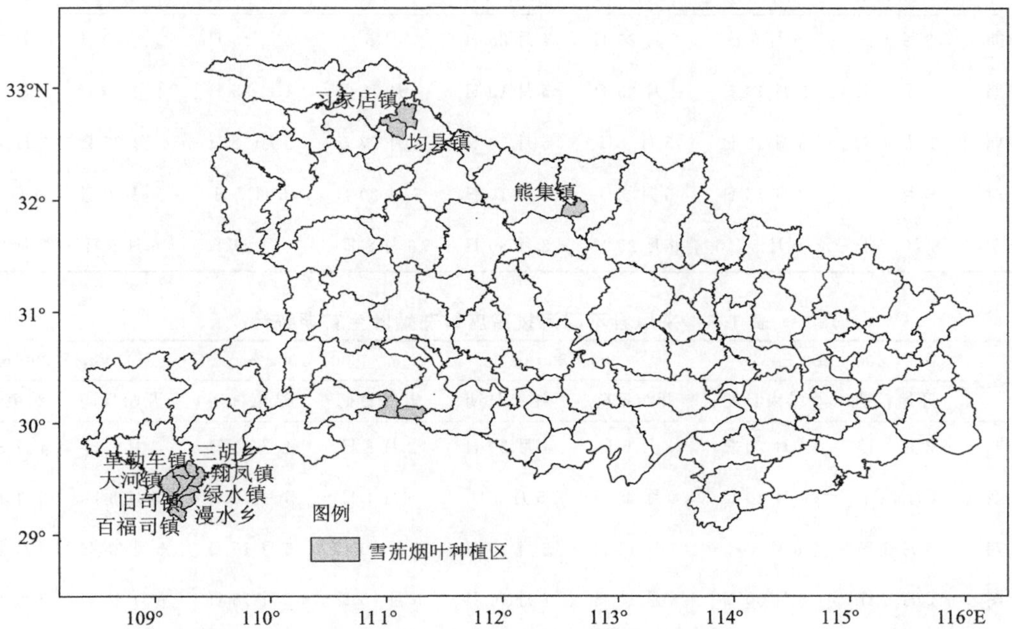

图 1.1　湖北省雪茄烟叶种植区分布

湖北省位于我国中部,长江中游,地势大致为东、西、北三面环山,中间低平地区为海拔 50 m 以下的江汉平原,略呈向南敞开的不完整盆地。目前,湖北雪茄烟叶示范或种植区主要位于湖北省西部的鄂西南生态区和鄂西北生态区,鄂西南生态区主要分布在恩施来凤县和宜昌五峰县,鄂西北生态区主要分布在十堰丹江口市和襄阳枣阳市。湖北省雪茄烟叶种植高度不高,大部在海拔 800 m 以下,来凤县种植区域主要分布在沿酉水河谷流域海拔 400～600 m 的"一乡四镇"(翔凤镇、绿水镇、旧司镇、漫水乡、百福司镇),大河镇、革勒车镇、三胡乡部分种植区域海拔高度 800～1200 m;五峰县种植区域主要分布在渔洋关镇和仁和坪镇,海拔高度大体 500～900 m;丹江口种植区域主要分布在丹江口水库周边的丘陵河谷地带,一般海拔高度 200～350 m;枣阳种植区域主要位于熊集镇熊河水库周边,海拔高度 100～200 m。

1.2.3　生育期

优质雪茄烟叶种植需要适宜的生态及气候条件,湖北省雪茄烟叶种植区气候环境差异较大,不同片区、不同海拔高度雪茄烟叶种植生育期差异较大。根据近些年的种植经验,鄂西北片区各生育期普遍早于鄂西南片区,低海拔地区早于高海拔地区。鄂西北片区,一般 2 月上中旬育苗，4月中下旬移栽，5月中下旬至6月上旬为旺长期，6月中下旬至7月底为成熟采收期；鄂西南片区，一般3月上中旬育苗，4月下旬至5月上旬移栽，6月上旬至7月上旬为旺长期，7月上旬至8月底成熟采收（表1.2），海拔800 m以上的区域可持续到9月中旬（表1.3）。

表1.2 湖北省4个雪茄烟叶种植区生育期统计

生育期	来凤		五峰		丹江口		枣阳	
	开始日期	结束日期	开始日期	结束日期	开始日期	结束日期	开始日期	结束日期
育苗期	3月1日	5月5日	2月20日	4月25日	2月5日	4月15日	2月20日	4月15日
移栽期	4月20日	5月10日	4月25日	5月10日	4月15日	4月25日	4月15日	4月20日
伸根期	5月10日	6月15日	5月3日	6月10日	4月27日	5月12日	4月25日	5月10日
旺长期	6月5日	7月15日	6月5日	7月10日	5月20日	6月7日	5月10日	6月5日
成熟期	6月25日	9月5日	6月25日	8月30日	6月8日	7月31日	6月5日	7月31日

表1.3 来凤县不同海拔高度雪茄烟叶生育期统计

生育期	400～600 m		600～800 m		800～1000 m		1000～1200 m	
	开始日期	结束日期	开始日期	结束日期	开始日期	结束日期	开始日期	结束日期
育苗期	3月1日	4月20日	3月5日	4月30日	3月8日	4月30日	3月8日	4月30日
移栽期	4月20日	4月30日	4月25日	5月5日	5月1日	5月10日	5月5日	5月15日
伸根期	5月5日	6月5日	5月15日	6月10日	5月20日	6月15日	5月25日	6月20日
旺长期	6月5日	6月30日	6月10日	7月10日	6月15日	7月15日	6月20日	7月15日
成熟期	6月25日	8月20日	7月5日	8月30日	7月5日	9月5日	7月10日	9月20日

鄂西北片区全生育期170 d左右，其中苗期60 d左右、大田期110 d左右。鄂西南片区全生育期大致180 d，其中育苗期50～60 d、大田期120 d左右。

1.3 雪茄烟叶生态环境

烟叶适应性广、可塑性强，在不同环境条件下，植株的生长发育、烟叶的产量和品质有着明显差异，特别是烟叶品质受环境条件影响更大，故优质烟区有较大的地域局限性。雪茄烟叶生长期光、温、水条件的匹配，以及土壤条件，决定了烟叶的产量和品质。

1.3.1 优质雪茄烟叶适宜生态环境

(1)农业气候资源

① 热量

优质雪茄烟叶大田期平均气温20～25 ℃，最高气温35 ℃，最低气温10～15 ℃。若日平均气温超过25 ℃，虽然生长快，但植株生长纤弱，品质下降；若生长和成熟期平均气温低于

20 ℃，特别是低于 17 ℃，则生育期延迟，烟叶品质差。一般而言，生产优质烟叶要求日平均气温 20 ℃及以上的日数超过 70 d，≥10 ℃的年活动积温 2200～2600 ℃·d。

② 降水

大田期要求降水充足，分布适当，平均空气相对湿度 80%左右，月平均降水量 90～150 mm。团棵期降水量 80～100 mm，土壤最大持水量 50%～60%，有利于根系发育；旺长期降水量 200 mm 左右，保持土壤最大持水量 80%左右，有利于烟株茎叶生长和干物质积累。

③ 光照

雪茄烟叶适宜生长在云雾多、日照条件较弱的环境下。

雪茄烟叶主要适宜性种植指标见表 1.4。

表 1.4　优质雪茄烟叶种植主要适宜性指标

苗期	温度/℃	总雨量/mm	光照/h	平均相对湿度/%
育苗期	18～25	100～200	40～80	75～85
大田期	19～28	600～900	500～800	75～85

(2)土壤条件

烟叶对土壤的适应性较强，可以在多种类型土壤上种植，但作为经济作物，烟叶的产量和品质与栽培土壤关系密切。

茄衣适宜种植于轻质的沙壤土或壤沙土。这种类型土壤既有较好的保水保肥能力，又有一定的排水通气性能，有利于根系的形成，增强水、肥吸收能力，促进植株的生长发育。过于黏重的土壤，排水不良，土温偏低，养分释放缓慢，会导致烟叶前期生长慢、后期成熟推迟。茄芯适宜种植于偏黏性土壤。土壤要求肥沃，矿物质含量丰富，以红壤、紫色土、火山灰土壤或火山岩母质土壤为最佳。烟叶喜微酸和中性土壤，土壤 pH 值在 4.5～8.5 均能生长，最适宜 5.5～6.5。

1.3.2　湖北雪茄烟叶种植区生态环境

(1)农业气候资源

湖北省地处亚热带，位于典型的季风区内，具有四季分明、雨热同季，以及光、温、水资源较丰富的气候特点。但因省内地形复杂，资源地域分布不均，不仅东西差异大，南北差异和垂直差异也很明显。湖北雪茄烟区位于湖北省西部，不但鄂西南片区和鄂西北片区存在南北差异，鄂西南片区还存在明显的垂直差异。

① 热量

年平均气温鄂西南片区为 14.5～16.5 ℃，鄂西北片区为 16.5～17 ℃(表 1.5)；年极端最高气温大部在 40 ℃以上，出现在 2022 年 8 月；年极端最低气温除了来凤为－8.3 ℃外，其他 3 站均在－12 ℃以下，均出现在 1977 年 1 月 30 日。年平均高温日(≥35 ℃)鄂西南片区 12.5～15.1 d，鄂西北片区 19.7～23 d；年均酷暑日数(≥37 ℃)鄂西南片区 1.9～3.7 d，鄂西北片区 4.5～7.2 d。年内≥10 ℃活动积温来凤 5000～5500 ℃·d，五峰 4000～5000 ℃·d，丹江口 5300～5800 ℃·d，枣阳 5300～5800 ℃·d。

表 1.5　湖北省雪茄烟叶种植区气象要素统计

种植区	年均气温或极值/℃				降水量/mm、雨日/d			年日照时数/h	年均相对湿度/%
	平均气温	极端高温	极端低温	高温日数	降水量	雨日	暴雨日		
来凤	16.2	40.1	−8.3	12.5	1350.9	164.3	3.8	1105.4	81.4
五峰	14.8	42.1	−15	15.1	1338.9	156.5	4.2	1277.3	77.9
丹江口	16.6	42.7	−12.4	23.0	767.7	105.2	1.5	1834.6	71.7
枣阳	16.5	40.8	−15.1	19.7	823.4	106.5	2.2	1733.0	71.1

注：表中极端气温均为建站至 2022 年之间极值；平均值为 1991—2020 年平均值。

统计 2010—2020 年来凤县区域自动气象站气温，大部地区年平均气温都在 14 ℃以上，年平均气温随海拔高度升高而下降，海拔 300～600 m 地区 15～17 ℃，海拔 600～800 m 地区 14～15 ℃，海拔 800～1200 m 地区 12～15 ℃，海拔 1200 m 以上高寒山区 10 ℃以下(图 1.2)。年内≥10 ℃有效活动积温 800 m 以下低山及河谷带 5000～5500 ℃·d，800～1200 m 二高山地区 4000～5000 ℃·d，1200～1600 m 的高山地区 2500～4000 ℃·d。

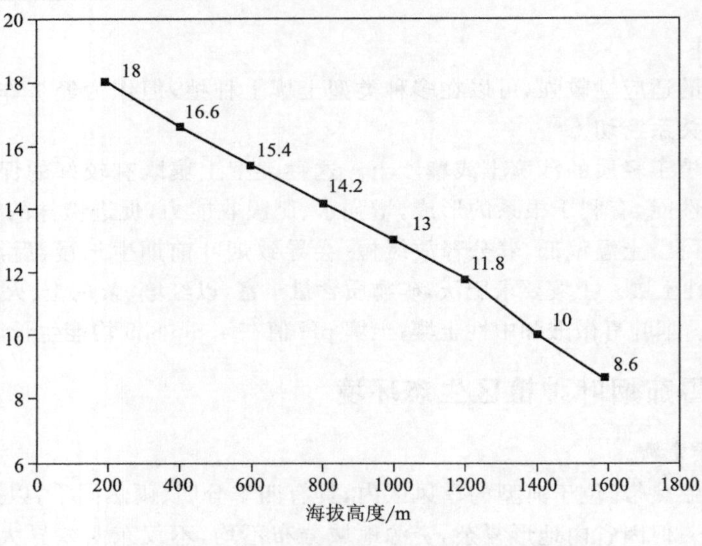

图 1.2　2010—2020 年来凤县年平均气温垂直分布

② 降水

年降水量鄂西南片区 1300～1400 mm(表 1.5)，鄂西北片区 750～850 mm；年均雨日鄂西南片区 155～165 d，鄂西北片区 100～110 d；年均暴雨日数鄂西南片区 3～5 d，鄂西北片区 1～3 d。

统计 2010—2020 年来凤县区域自动气象站降水资料发现，降水分布具有中西部偏多、东南部偏少的特点，年降水量均值 1200～1800 mm，降水明显偏多区域从地形图看，主要位于迎风坡地或地形喇叭口辐合区域，上述偏多偏少区域年均值差异可达 600 mm 左右。暴雨和大暴雨中心主要位于革勒车镇西北部、百福司镇、旧司镇与大河镇交界附近、三胡乡中南部、翔凤镇中北部。

③ 光照

年均日照时数鄂西南片区为 1100～1300 h，鄂西北片区 1700～1900 h。4 个种植区中来凤光照时间最少，丹江口最多。从日照时数的季节分布看，夏季最多，冬季最少，春季多于秋季。

④ 大田期(4—8 月)气候资源

大田期平均气温鄂西南片区 21.3～22.8 ℃，鄂西北片区 24 ℃左右(表 1.6)。平均降水量鄂西南片区 890～920 mm，鄂西北片区 470～560 mm。平均日照时数鄂西南片区 630～680 h，鄂西北片区 870～910 h。

表 1.6　湖北省雪茄烟叶种植区 4—8 月大田期气象要素统计

种植区	平均气温或极值/℃				降水量/mm、雨日/d			日照时数/h	年均相对湿度/%
	平均气温	极端高温	极端低温	高温日数	降水量	雨日	暴雨日		
来凤	22.8	40.1	−0.2	11.7	894.5	79.0	3.1	639.9	80.9
五峰	21.3	42.1	−3.1	14.1	911.4	79.5	3.6	673.5	79.5
丹江口	24.2	42.7	0	21.9	479.8	51.2	1.3	906.8	72.6
枣阳	24.2	40.8	−1.0	18.6	556.4	52.8	2.0	870.3	72.4

注：表中极端气温均为建站至 2022 年之间极值；平均值为 1991—2020 年平均值。

(2)土壤条件

来凤烟区主要以沙壤土为主，有机质含量丰富，有效磷 17.5 mg/kg，碱解氮 111.5 mg/kg，pH 值大多为 5.5～6.5。五峰烟区主要以黄棕壤为主，有机质 19.46～30.01 g/kg，碱解氮 132.65～181.55 mg/kg，速效磷 18.43～23.85 mg/kg，速效钾 178.86～228.97 mg/kg，pH 值为 5.3～6.5。丹江口烟区土壤为黄棕壤，有机质 8.4g/kg，速效磷 8.1 mg/kg，碱解氮 88.7 mg/kg，速效钾 161.7 mg/kg，交换性钙 4550.8 mg/kg，交换性镁 410.6 mg/kg，有效硼 0.3 mg/kg，有效锌 0.9 mg/kg，水溶性氯 19.3 mg/kg，pH 值为 6.2～8.0。枣阳烟区主要以黄棕壤土为主，有机质 25.6 g/kg，碱解氮 79.8 mg/kg，有效磷 26.8 mg/kg，速效钾 174.6 mg/kg，pH 值大多为 5.5～6.5。

第2章 湖北省雪茄烟叶种植区主要气候特征

2.1 主要气象要素

湖北省雪茄烟叶种植区，处于亚热带大陆性季风气候区。受季风影响，冬季盛行偏北风，夏季盛行偏南风，形成了冬冷夏热、冬干夏雨、雨热同季和旱涝频繁的气候特点。同时，由于地理位置及地形差异，湖北省雪茄烟叶种植南北片区气候差异较大，尤其是鄂西南的来凤县，地形复杂、高差悬殊，气候地域性特点明显，呈现出多样化、多层次的立体气候。

统计来凤、丹江口、五峰、枣阳4个雪茄烟叶种植区国家站1991—2020年逐旬平均气温、降水量、日照时数及各种天气日数，分析湖北雪茄烟叶种植区主要气象要素分布情况，便于了解雪茄烟区主要气候特点。

2.1.1 气温分布

据统计，来凤、丹江口、五峰、枣阳4个雪茄烟叶种植区旬平均气温具有明显的时空分布特征。

(1)时间分布

一年中，旬平均气温呈单峰分布，1月中旬气温最低，4个烟区旬平均气温在2.6 ℃(枣阳)～4.7 ℃(来凤)；7月下旬最高，各种植区旬平均气温在25.6 ℃(五峰)～28.9 ℃(枣阳)；基本上是1月中旬—7月下旬呈逐步上升趋势，8—12月呈逐步下降趋势(图2.1)。

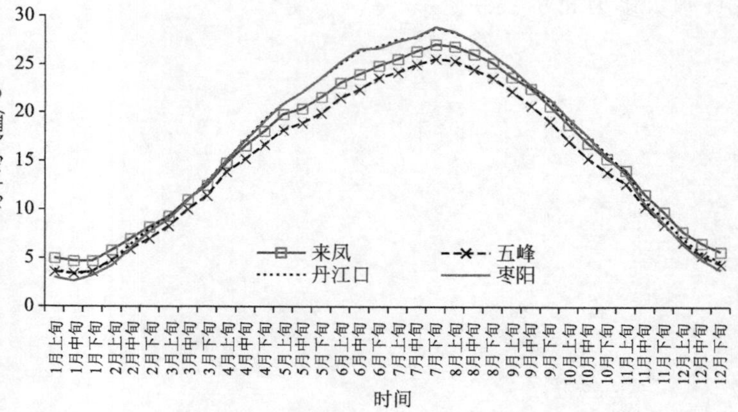

图2.1　1991—2020年湖北省雪茄烟叶种植区4个国家站旬平均气温分布

(2)空间分布

从图2.1的4个国家站逐旬平均气温分布可看出，一年内，丹江口和枣阳气温变化基本一致；来凤站旬平均气温始终高于五峰同期旬平均气温，1月至3月中旬时段高于丹江口、枣阳，3月下旬至10月下旬低于丹江口和枣阳。

总体来看，冬半年(11月至次年3月)南部片区(即来凤、五峰)气温高于北部片区，而从3月下旬开始，由于北部片区(即丹江口、枣阳)回暖快，气温逐步高于南部片区，且温差逐步加大，至7月下旬，北部片区平均气温较南部片区偏高1.8～3.3 ℃；之后，北部片区气温降速高于南部片区，11月上旬之后低于来凤。

2.1.2　降水分布

分析可知，来凤、丹江口、五峰、枣阳4个雪茄烟叶种植区旬、月平均降水量及雨日均具有明显的季节变化，而且南、北差异大。

(1)时间分布

一年中，旬平均降水量基本上呈单峰分布，12月中旬降水量最少，7月上旬最多(图2.2)。类似旬平均气温，1—7月呈逐步增多趋势，8—12月呈逐渐减少趋势，但旬降水量有明显的波动变化。统计种植区各月平均降水量可以看出，一年内，各种植区降水量均为12月最少，来凤、五峰、枣阳7月最多，丹江口8月最多(图2.3)；4—9月降水较为集中，基本占到年降水量的66%～70%。从种植区月平均雨日分布(图2.4)也可以看出，3月开始各种植区雨日明显增多，5—7月来凤、五峰到达一个峰值区，7—8月丹江口、枣阳达到峰值区，但来凤5月雨日最多，其他3个县7月最多；10月雨日南部片区的来凤、五峰出现了一个小高峰，为秋季多雨时段。

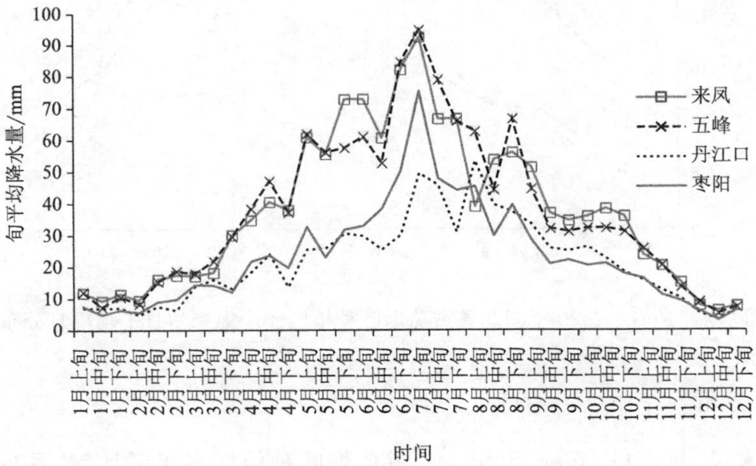

图2.2　1991—2020年湖北省雪茄烟叶种植区4个国家站旬平均降水量分布

(2)空间分布

从降水量和降水日数来看，南、北部片区有明显差异，来凤和五峰旬、月降水量及降水日数均明显大于丹江口和枣阳；位于同一片区的两个种植区则基本一致。无论是雨量还是雨日，南部片区春季明显大于秋季。

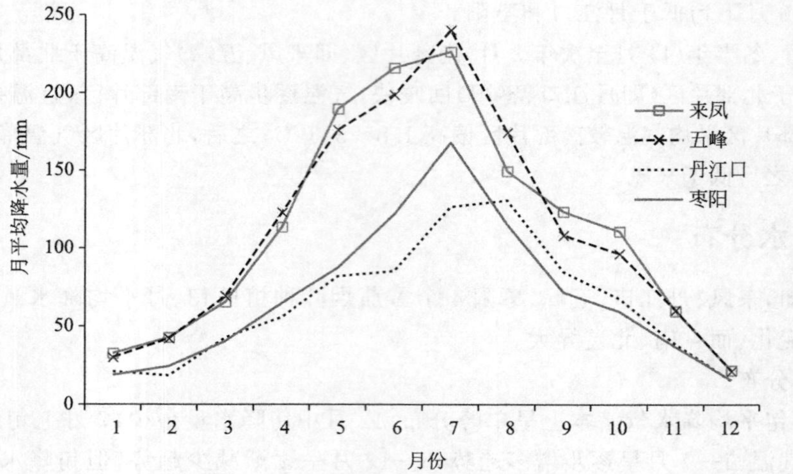

图 2.3　1991—2020 年湖北省雪茄烟叶种植区 4 个国家站月平均降水量分布

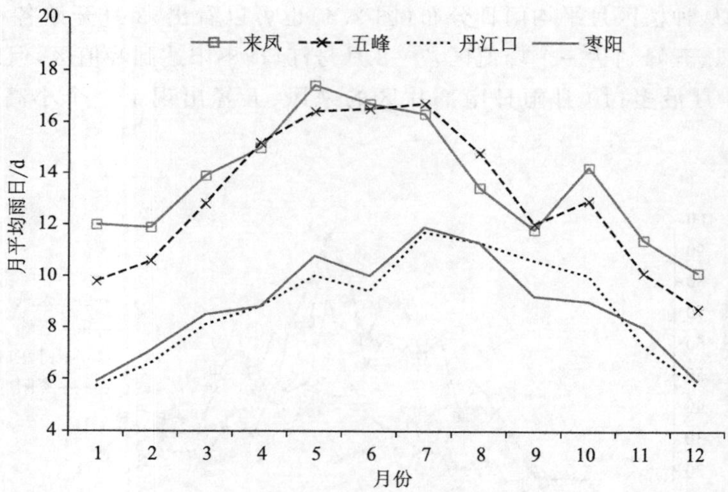

图 2.4　1991—2020 年湖北省雪茄烟叶种植区 4 个国家站月平均雨日分布

2.1.3　日照分布

分析可知，来凤、丹江口、五峰、枣阳 4 个雪茄烟叶种植区多年平均旬、月日照时数具有明显的季节、地域差异。

(1)时间分布

一年中，1 月中旬、2 月下旬为日照最少时段，7 月下旬日照最多(图 2.5)。3 月上旬至 4 月下旬，旬日照时数呈逐渐增多趋势；5 月上旬至 7 月中旬日照变化比较平稳；7 月下旬日照猛增，之后 8 月日照稍有减少，但各旬平均日照时数稳定；9 月至 10 月中旬，各旬日照时数呈减少趋势；10 月下旬至 11 月上旬日照较前期有所增加；11 月中旬至 12 月底，旬平均日照时数变化比较平稳。

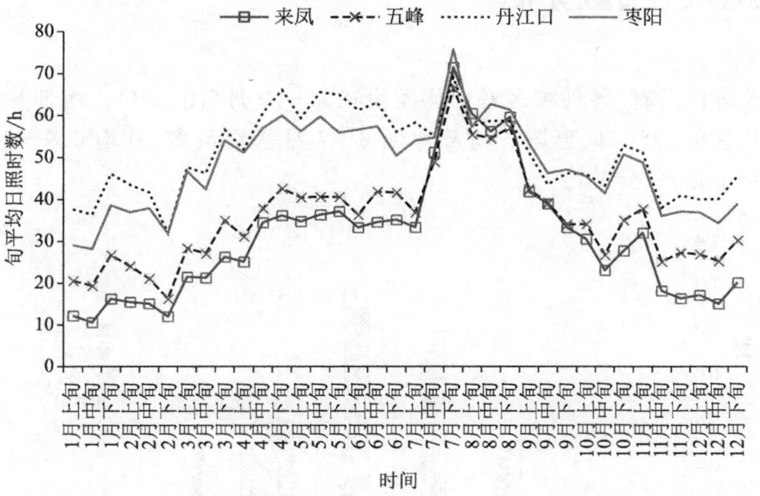

图 2.5　1991—2020 年湖北省雪茄烟叶种植区 4 个国家站旬平均日照时数分布

从月平均日照时数来看(图 2.6),1 月、2 月是各种植区日照最少时段,7 月、8 月为多数种植区日照最多时段(丹江口 5 月最多)。从季节上看,各种植区基本上是夏季日照最多,冬季最少,春季普遍多于秋季。

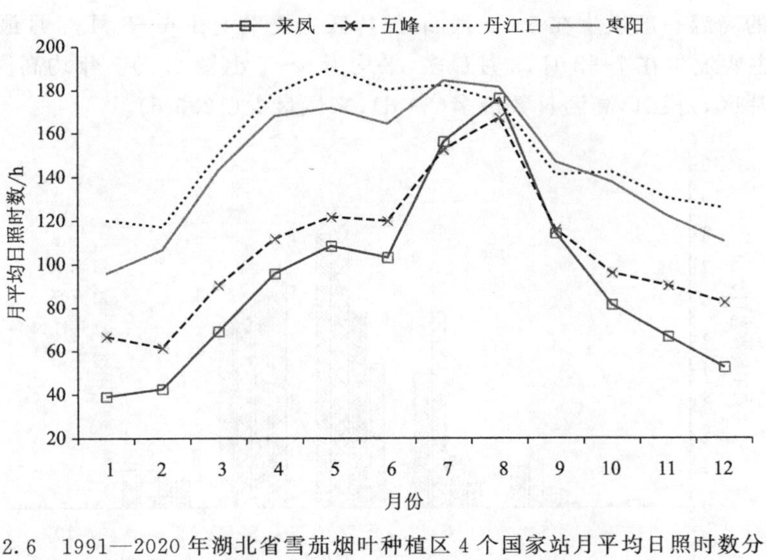

图 2.6　1991—2020 年湖北省雪茄烟叶种植区 4 个国家站月平均日照时数分布

(2)空间分布

从各旬平均日照时数来看,除了盛夏期的 7 月下旬至 8 月外,其他各旬丹江口和枣阳种植区日照均明显多于来凤和五峰,同一片区的两个种植区接近,南部片区五峰多于来凤,北部片区丹江口多于枣阳。

2.1.4 灾害性天气日数分布

(1)暴雨日数

从月平均暴雨日来看,各种植区暴雨均发生在4—10月(图2.7)。南部片区的来凤、五峰明显多于北部片区的丹江口、枣阳。南部片区6—7月暴雨最多,月均0.9～1.2 d;北部片区7—8月最多,月均0.5～0.7 d。

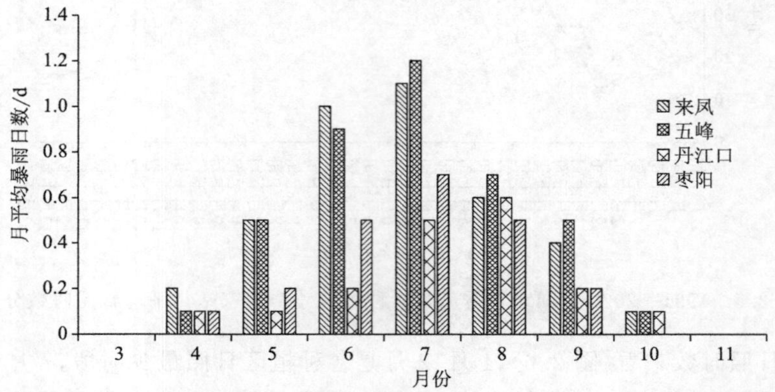

图2.7　1991—2020年湖北省雪茄烟叶种植区4个国家站月平均暴雨日数分布

(2)高温日数

各种植区的高温一般发生在5—9月,北部片区主要发生在6—8月,7月最多,平均为8～9 d;南部片区主要发生在7—8月,8月最多,平均为6～7 d(图2.8)。年均高温日数北部片区明显多于南部片区,丹江口高温日数最多(23 d),来凤最少(12.5 d)。

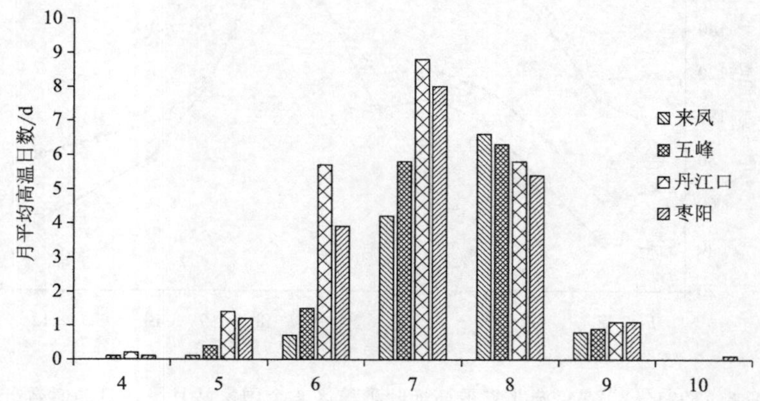

图2.8　1991—2020年湖北省雪茄烟叶种植区4个国家站月平均高温日数分布

(3)大风日数

统计4个种植区的月平均大风≥12 m/s日数可知,北部片区明显多于南部片区,大风主要发生在3—8月(图2.9)。一般情况下,冬季多为寒潮大风,春季寒潮大风、短时雷暴大风均有可能出现,夏季多为短时雷暴大风。

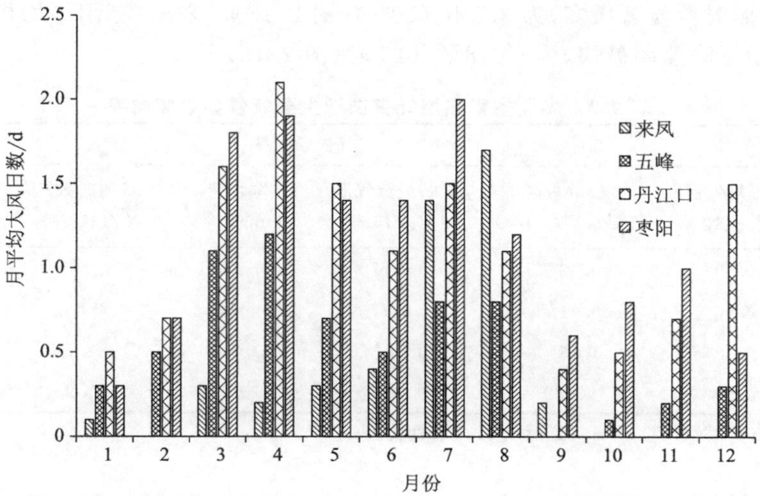

图 2.9　1991—2020 年湖北省雪茄烟叶种植区 4 个国家站月平均大风(≥12 m/s)日数分布

2.2　育苗期气候特征

利用雪茄烟叶种植区来凤(1953—2021 年)、丹江口(1961—2021 年)、五峰(1957—2021 年)、枣阳(1957—2021 年)建站以来的气象数据,对育苗期气象要素进行统计分析(表 2.1)。育苗期平均气温 9.3～13.8 ℃,极端最高气温 32.4～37.2 ℃,极端最低气温－9.2～－2.0 ℃。来凤、五峰育苗期平均气温、极端最低气温明显高于丹江口和枣阳。育苗期平均降水量 84.0～231.0 mm,极端最多降水 157～431 mm,极端最少降水 6～73 mm。来凤、五峰降水量明显多于丹江口和枣阳。育苗期平均日照时数 178～296 h。极端最多日照时数为丹江口 413 h,极端最少日照时数为来凤 106 h。

表 2.1　湖北省雪茄烟叶育苗期气象要素统计

产区	气温/℃			降水量/mm			日照时数/h			平均相对湿度/%
	平均	极端最高	极端最低	平均	极端最多	极端最少	平均	极端最多	极端最少	
丹江口	9.3	32.4	－8.6	91.3	157	17	296	413	195	67
来凤	13.8	35.4	－2.0	222.4	430	73	178	242	106	80
五峰	12.2	37.2	－4.8	231.0	431	48	217	309	129	75
枣阳	10.7	35.1	－9.2	84.0	162	6	258	404	180	70

由表 2.2 可以看出,各种植区育苗期平均气温、极端最高气温、极端最低气温均呈上升趋势,但各种植区变化趋势显著性存在一定差异。其中,枣阳极端最高气温、丹江口极端最低气温和来凤极端最低气温上升趋势不显著。平均气温上升速率最快的是五峰,为 0.58 ℃/(10 a);上升速率最慢的是来凤,为 0.16 ℃/(10 a)(图 2.10)。极端最高气温上升速率最快的仍是五峰,为 1.15 ℃/(10 a)。极端最低气温上升速率最快的是枣阳,为 0.71 ℃/(10 a)。降

水量各种植区均呈下降趋势，但下降趋势不显著（图 2.11）。日照时数变化趋势各种植区不相同，仅丹江口日照时数显著增多，为 3.3 h/（10 a）（图 2.12）。来凤、枣阳平均相对湿度呈显著下降趋势。枣阳下降速率最快，为－0.8%/（10 a）（图 2.13）。

表 2.2　湖北省雪茄烟叶育苗期主要气候要素倾向率

产区	气候倾向率					
	平均气温/（℃/（10 a））	极端最高气温/（℃/（10 a））	极端最低气温/（℃/（10 a））	降水量/（mm/（10 a））	日照时数/（h/（10 a））	平均相对湿度/（%/（10 a））
丹江口	0.49**	0.62**	0.57	－0.7	3.3*	－0.1
来凤	0.16**	0.41**	0.13	－3.5	1.8	－0.4**
五峰	0.58**	1.15**	0.58**	－5.6	－2.7	0.1
枣阳	0.50**	0.30	0.71**	－0.1	－1.9	－0.8*

注：* 为通过 0.05 显著性检验，* * 为通过 0.01 显著性检验。

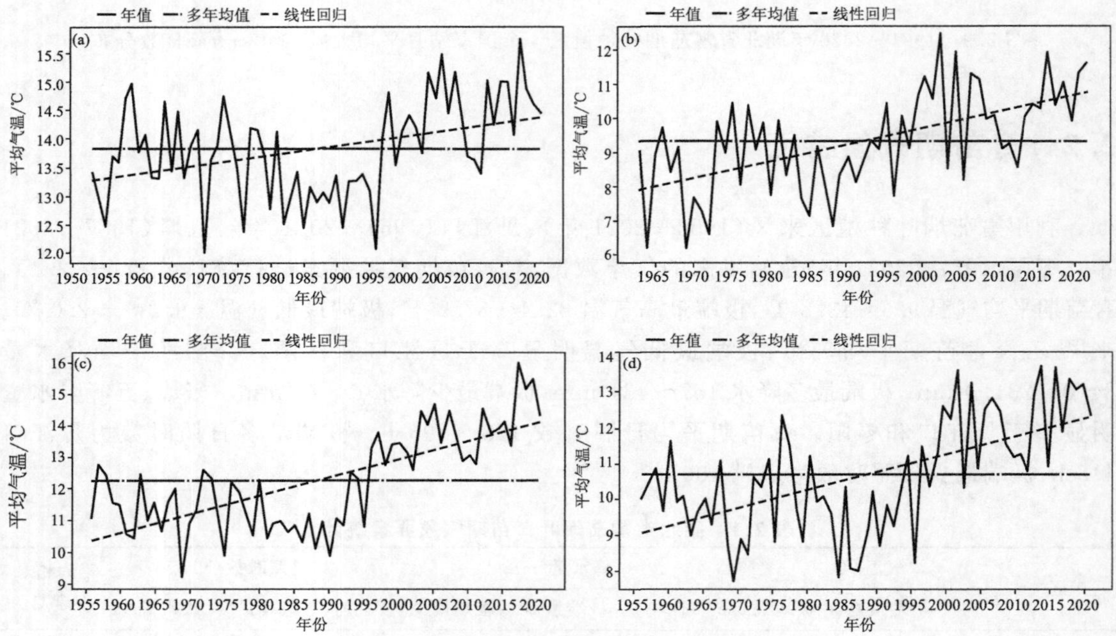

图 2.10　育苗期平均气温逐年变化

（a）来凤；（b）丹江口；（c）五峰；（d）枣阳

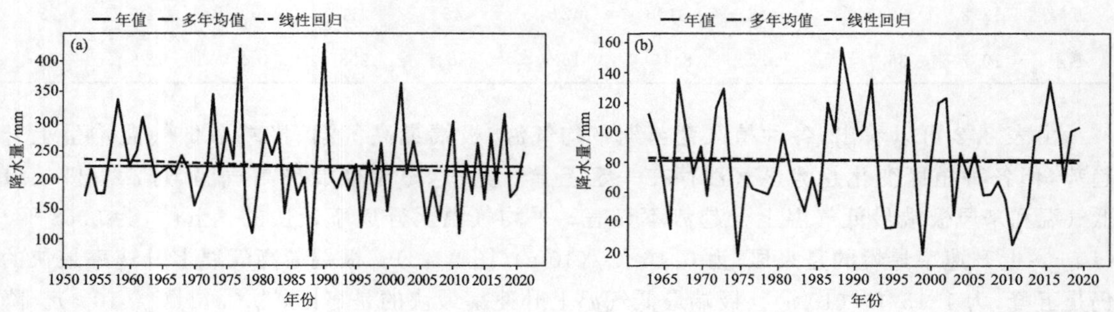

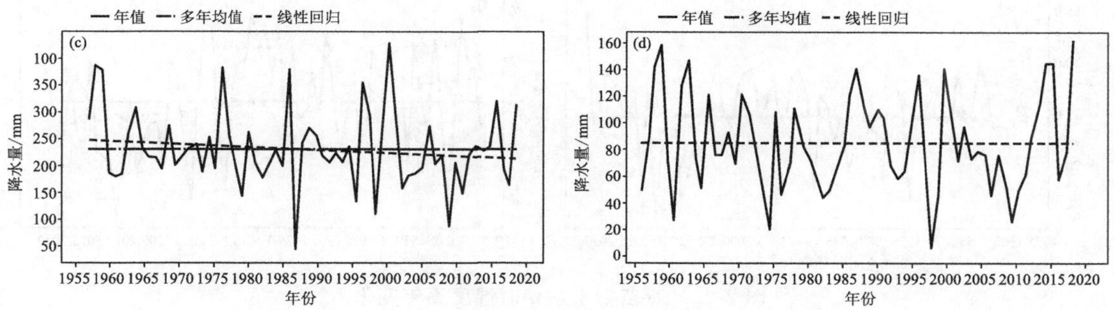

图 2.11　育苗期降水量逐年变化

(a)来凤;(b)丹江口;(c)五峰;(d)枣阳

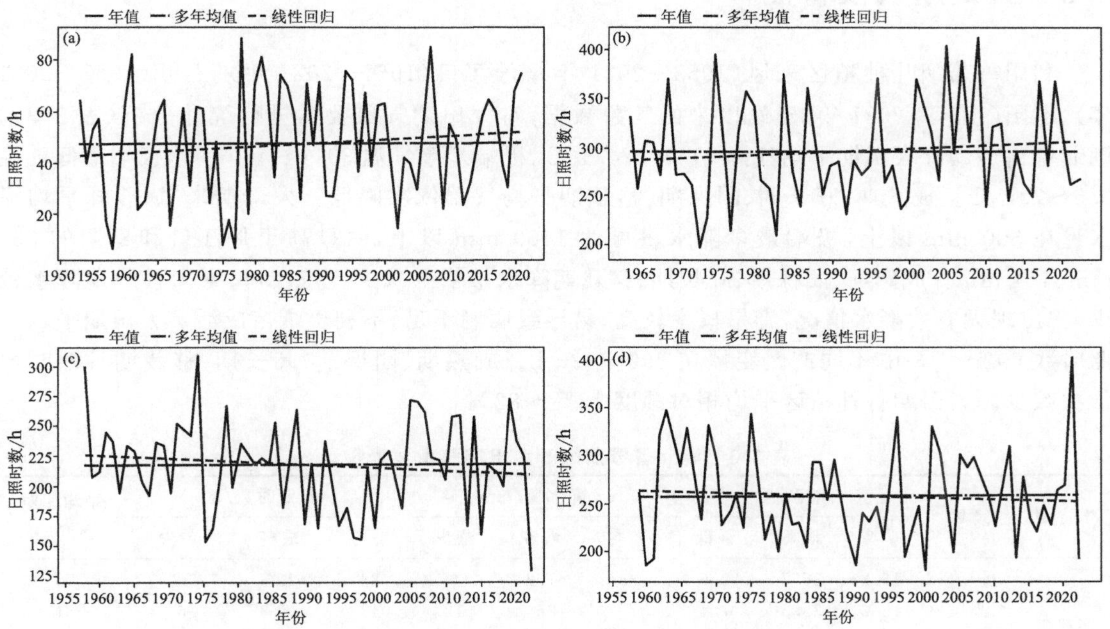

图 2.12　育苗期日照时数逐年变化

(a)来凤;(b)丹江口;(c)五峰;(d)枣阳

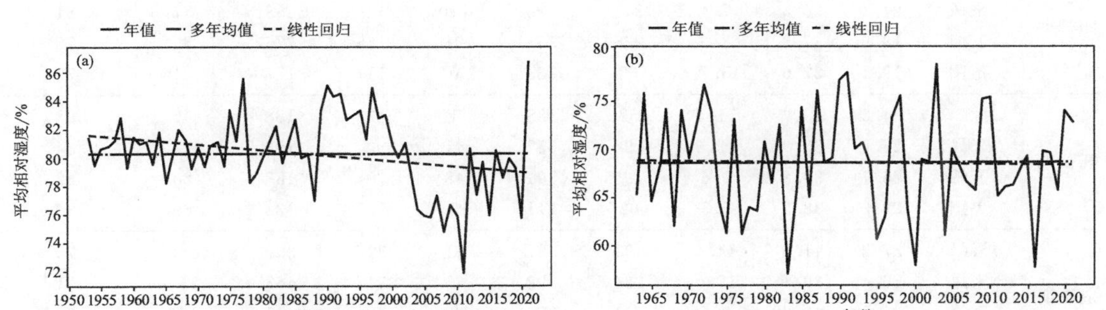

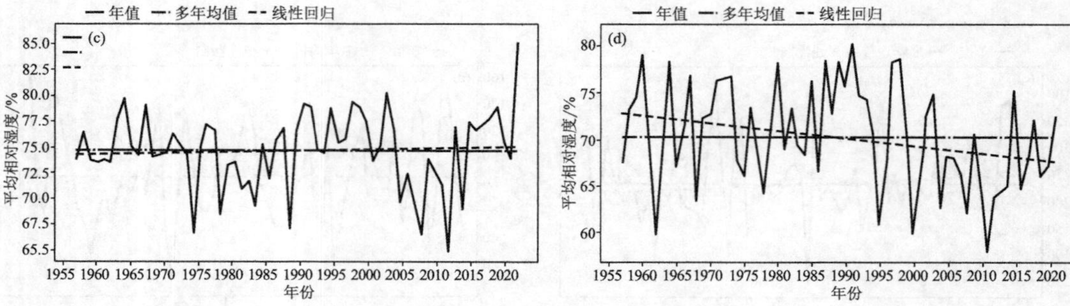

图 2.13　育苗期平均相对湿度逐年变化

(a)来凤;(b)丹江口;(c)五峰;(d)枣阳

2.3　大田期气候特征

利用雪茄烟叶种植区来凤(1953—2021 年)、丹江口(1961—2021 年)、五峰(1957—2021 年)、枣阳(1957—2021 年)建站以来的气象数据,对大田期气象要素进行统计分析(表 2.3)。湖北省雪茄烟叶大田期平均气温 21.7～24.1 ℃,极端最高气温 39.1～40.7 ℃,极端最低气温 0.5～7.4 ℃。成熟期、旺长期、团棵期、移栽期平均气温依次降低。大田期来凤、五峰平均降水量在 800 mm 以上,极端最多降水量可达 1400 mm 以上,明显高于丹江口和枣阳的 353 mm、414 mm。成熟期、团棵期、旺长期、移栽期降水量依次减少。丹江口、枣阳移栽期降水较少,曾出现无有效降水情况,春旱概率较高,易导致底墒不足,不利于烟苗成活。大田期平均日照时数 592～713 h,不同产区变幅在 392～930 h。成熟期、团棵期、旺长期、移栽期日照时数依次减少。大田期各种植区平均相对湿度 72%～82%。

表 2.3　湖北省雪茄烟叶大田期气象要素统计

生育期	产区	气温/℃			降水量/mm			日照时数/h			平均相对湿度/%
		平均	最高	最低	平均	最多	最少	平均	最多	最少	
移栽期	丹江口	16.0	35.7	0.5	35	102	0	88	126	22	70
	来凤	19.2	35.3	7.4	78	264	12	48	88.8	6	81
	五峰	16.7	37.2	1.6	92	231	20	71	132.6	10	77
	枣阳	17.3	35.6	3.1	14	101	0	28	52.8	0	72
团棵期	丹江口	18.4	38.6	2.7	74	202	9	183	240	91	70
	来凤	21.1	36.6	7.4	247	426	110	143	258	57	81
	五峰	18.9	37.9	3.5	225	358	91	165	276	85	78
	枣阳	19.1	37.5	3.7	63	355	0	117	177	21	72
旺长期	丹江口	24.0	40.4	11.3	52	185	1	123	188	46	68
	来凤	25.2	36.9	15.0	199	557	41	86	158	21	84
	五峰	23.1	38.8	9.6	199	591	48	104	187	28	82
	枣阳	22.2	38.2	5.5	62	211	5	125	188	69	70
成熟期	丹江口	27.2	41.5	14.4	191	487	41	327	399	145	75
	来凤	26.4	39.1	15.0	294	998	65	317	463	161	81
	五峰	24.2	40.2	9.7	331	859	101	308	448	163	80
	枣阳	27.0	40.7	12.9	265	686	42	363	513	190	75

续表

生育期	产区	气温/℃			降水量/mm			日照时数/h			平均相对湿度/%
		平均	最高	最低	平均	最多	最少	平均	最多	最少	
大田期	丹江口	23.4	41.5	0.5	353	617	137	713	865	492	72
	来凤	24.1	39.1	7.4	804	1458	407	592	814	416	82
	五峰	21.7	40.2	1.6	828	1435	400	648	930	436	80
	枣阳	24.1	40.7	3.1	414	838	143	659	897	392	73

由表 2.4 可知，大田期各种植区气温均呈上升趋势，但变化趋势显著性存在差异。丹江口、五峰、枣阳平均气温呈显著上升趋势(图 2.14)；来凤、五峰极端最高气温呈显著上升趋势；丹江口、枣阳极端最低气温呈显著上升趋势。平均气温上升速率最快的是五峰，为 0.42 ℃/(10 a)。极端最高气温上升速率最快的仍是五峰，为 0.81 ℃/(10 a)。极端最低气温上升速率最快的是枣阳，为 0.59 ℃/(10 a)。

表 2.4　湖北省雪茄烟叶大田期主要气候要素倾向率

生育期	产区	气候倾向率					
		平均气温/(℃/(10 a))	极端最高气温/(℃/(10 a))	极端最低气温/(℃/(10 a))	降水量/(mm/(10 a))	日照时数/(h/(10 a))	平均相对湿度/(%/(10 a))
移栽期	丹江口	0.42**	0.70**	0.42*	0.0	3.9*	−0.8**
	来凤	0.28**	0.46**	0.08	−2.3	1.4	−0.7**
	五峰	0.67**	1.17**	0.48**	−6.2	1.1	−0.02
	枣阳	0.47**	0.45*	0.34*	1.0	0.6	−1.8**
团棵期	丹江口	0.39**	0.72**	0.37*	−5.3	5.0*	−1.2**
	来凤	0.08	0.23**	0.19	2.1	−3.7	−0.1
	五峰	0.50**	0.92**	0.56**	−2.6	−7.5**	0.6*
	枣阳	0.53**	0.68**	0.58**	−8.1*	−0.9	−1.9**
旺长期	丹江口	0.08	0.20	0.25*	0.1	−5.4*	0.3
	来凤	−0.01	0.13	0.07	0.3	−3.2	−0.1
	五峰	0.39**	0.80**	0.46**	−0.4	−8.6**	0.5
	枣阳	0.34**	0.21	0.47**	−2.8	−6.1**	−1.2*
成熟期	丹江口	0.08	0.01	0.31**	0.0	−16.9**	0.5
	来凤	0.02	0.23**	−0.07	−6.0	−10.3**	−0.4
	五峰	0.35**	0.82**	0.33**	1.2	−19.2**	0.7**
	枣阳	0.11	0.03	0.34**	7.2	−26.8**	−0.0
大田期	丹江口	0.20**	0.04	0.44**	−4.9	−13.5*	−0.2
	来凤	0.05	0.20**	0.11	−5.3	−17.0**	−0.3
	五峰	0.42**	0.81**	0.47**	−6.1	−36.6**	0.6**
	枣阳	0.26**	0.02	0.59**	−3.1	−34.6**	−0.7**

注：* 为通过 0.05 显著性检验，** 为通过 0.01 显著性检验。

由表 2.4 和图 2.15 可知，大田期降水量呈下降趋势，但不显著。大田期日照时数呈明显下降趋势，下降速率最快的是五峰，为 36.6 h/(10 a)；下降速率最慢的是丹江口，为 13.5 h/(10 a)(图 2.16)。大田期各种植区相对湿度变化趋势不一致。五峰呈显著上升趋势，为 0.6%/

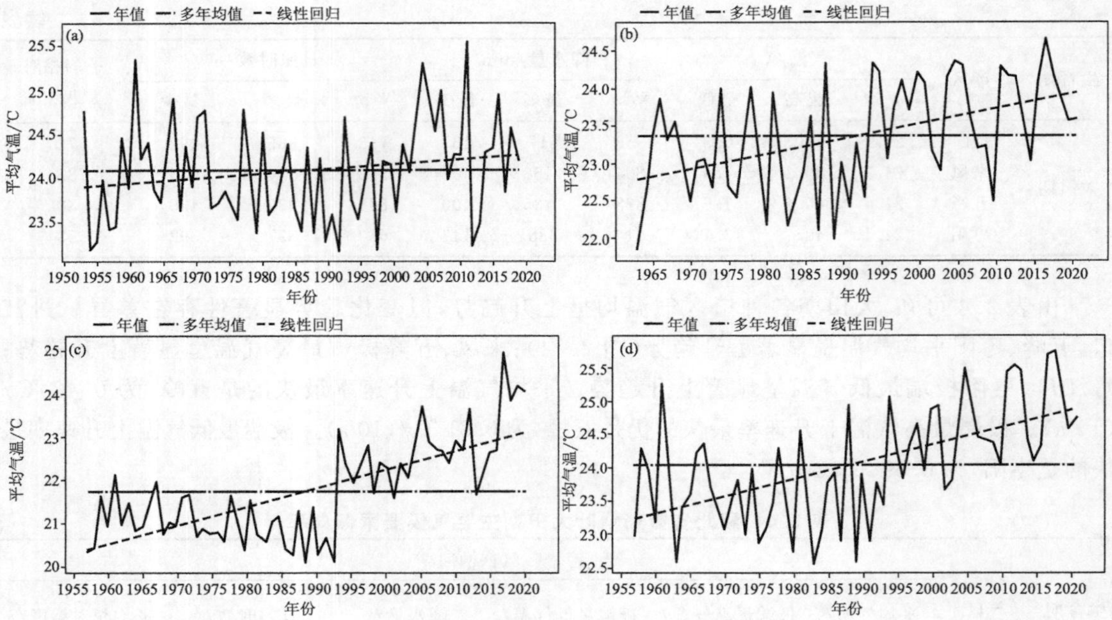

图 2.14　大田期平均气温逐年变化

(a)来凤;(b)丹江口;(c)五峰;(d)枣阳

(10 a);枣阳呈下降趋势,为 0.7%/(10 a)(图 2.17)。移栽期、团棵期各种植区气温呈上升趋势,但来凤移栽期极端最低气温、团棵期平均气温和团棵期极端最低气温上升趋势不显著。移栽期平均气温上升速率最快的是五峰,为 0.67 ℃/(10 a)。团棵期平均气温上升最快的是枣阳,为 0.53 ℃/(10 a)。

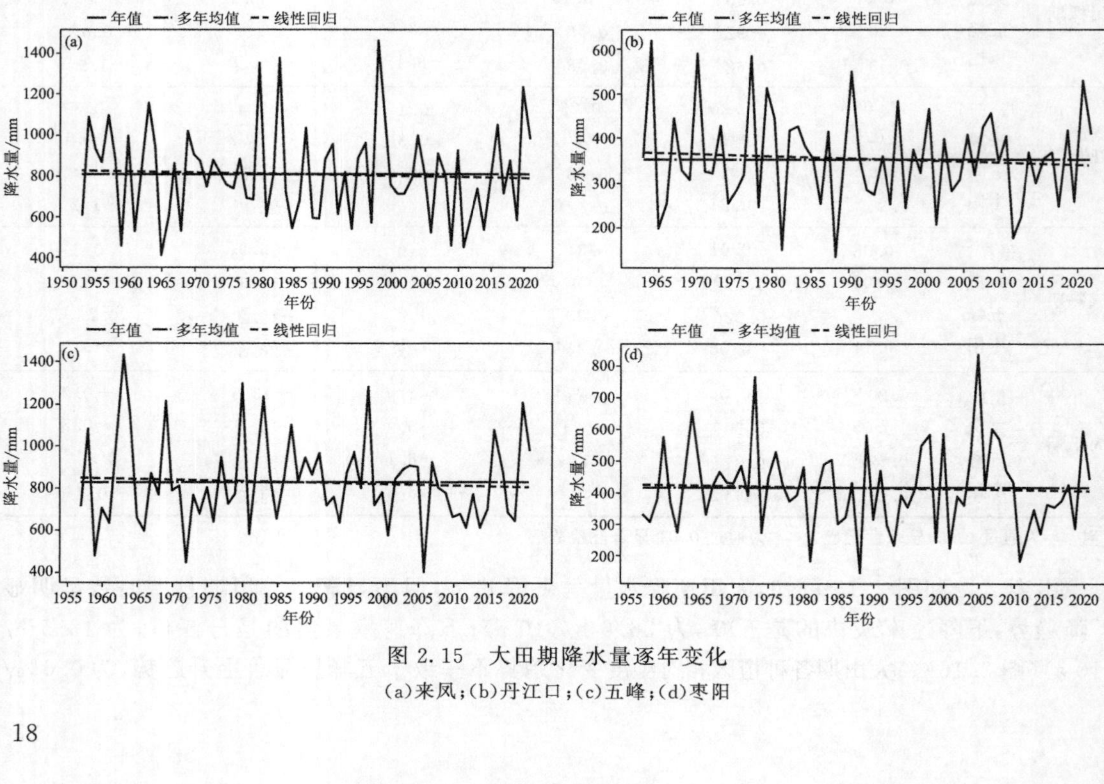

图 2.15　大田期降水量逐年变化

(a)来凤;(b)丹江口;(c)五峰;(d)枣阳

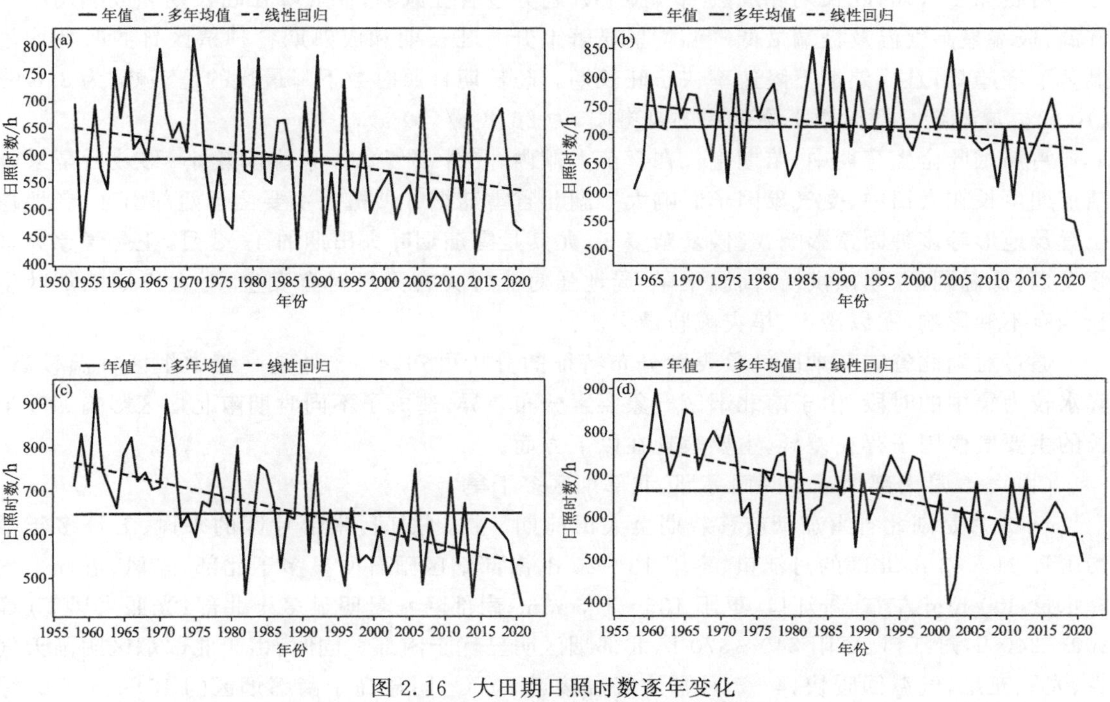

图 2.16　大田期日照时数逐年变化

(a)来凤；(b)丹江口；(c)五峰；(d)枣阳

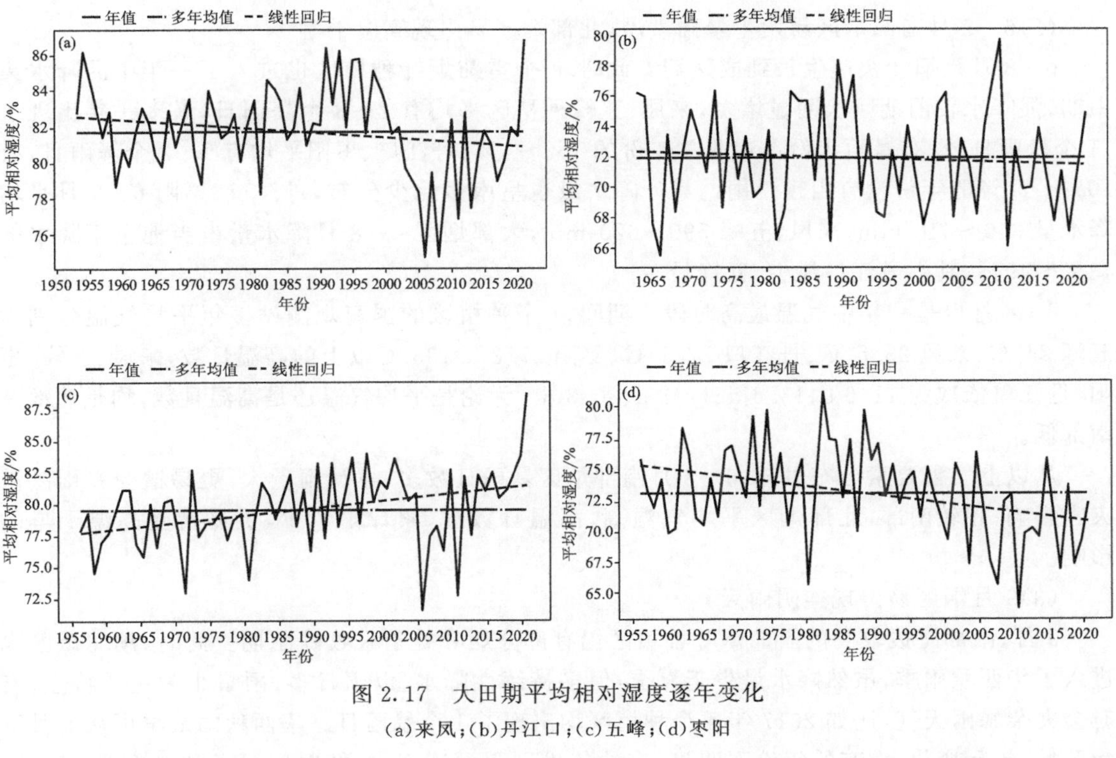

图 2.17　大田期平均相对湿度逐年变化

(a)来凤；(b)丹江口；(c)五峰；(d)枣阳

由表2.4可知，旺长期和成熟期气温上升趋势显著性减弱，仅五峰在旺长期和成熟期平均气温、极端最高气温及极端最低气温均呈显著上升。旺长期和成熟期各种植区日照时数均呈显著下降趋势，且成熟期下降速率快于旺长期。旺长期日照时数下降最快的是五峰，为8.6 h/(10 a)。成熟期日照时数下降最快的是枣阳，为26.8 h/(10 a)。

雪茄烟叶全生育期中，苗期生长在育苗大棚内，受外部气象因素影响较小；移栽后至采收结束期生长在大田中，受气象因子影响大。湖北省雪茄烟叶种植区主要位于西部山区，受地理位置及地形等多种因素影响，气候复杂多变，尤其是雪茄烟叶大田期的4—8月，正是气象灾害频发期，低温阴雨、暴雨洪涝、高温干旱、局地强对流等灾害天气时有发生，对大田期的烟叶生长均有不利影响，尤以涝灾、旱灾威胁最大。

通过对湖北省雪茄烟区气象要素分布特征的分析可知，4—8月是一年中烟区气温较高、降水较为集中的时段，由于南北烟区气象要素分布差异，造成了不同时期南北烟区影响烟叶生长的主要气候因子存在差异，主要表现在以下方面。

(1)4—5月南部烟区多阴雨寡照，北部烟区多干旱

4—5月是湖北省雪茄烟苗移栽期至大田前期。在此期间，南部片区的来凤、五峰多年平均雨日31～33 d，北部的丹江口、枣阳18～20 d，南部烟区雨日明显多于北部；来凤、五峰平均降水量300 mm左右，丹江口、枣阳135～155 mm，南部降水量明显多于北部；光照来凤、五峰200～240 h，丹江口、枣阳340～370 h，北部烟区明显优于南部。同时，由于北部烟区阴雨天气少、光照充足，气温回暖快，4—5月平均气温接近20 ℃，明显高于南部烟区的17～18 ℃。综合以上气象要素分布特征发现，4—5月南部烟区易出现低温阴雨寡照天气，北部烟区易出现春旱。

(2)6—8月南部烟区易发生暴雨洪涝，北部烟区易出现高温干旱

6—8月是烟叶快速生长到成熟期。此时，4个雪茄烟叶种植区也进入了一年中的降水集中期，强降水较前期频次明显增多，来凤、五峰种植区平均有2～3个暴雨日，最多一年出现了11个暴雨日，没有暴雨年份占观测总年份的1%～4%；丹江口、枣阳平均有1～2个暴雨日，有10%～20%的年份没有出现暴雨。累计降水量也呈南多北少分布，丹江口、枣阳6—8月平均降水量340～410 mm，来凤、五峰590～620 mm，大部烟区6—8月降水量占当地全年降水的43%～49%，其中丹江口最少，五峰最多。

6—8月也是一年中气温最高时段。期间，4个种植区的国家观测站多年平均气温分别为五峰24 ℃、来凤25.5 ℃、丹江口27.1 ℃、枣阳27.2 ℃；35 ℃以上的高温日数，来凤、五峰、枣阳、丹江口依次为11.6 d、13.6 d、17.3 d、20.3 d。无论是平均气温还是高温日数，均是北部高南部低。

从以上气象要素分布可知，6—8月南部烟区暴雨日数多，累计雨量大，更易遭受暴雨洪涝灾害影响；相较南部，北部烟区平均气温高，高温日数多，累计雨量少，更易遭受高温干旱的影响。

(3)9月烟区易出现连阴雨天气

9月，南部海拔较高的雪茄烟叶种植区仍有部分烟叶处于采收晾制期。此时，湖北烟区也进入了华西秋雨季，虽然降水量少于夏季，但多持续性降水，以雨日多、雨量小为主要特点，有时会夹杂暴雨天气，比如2017年4个种植区均出现了1个暴雨日。华西秋雨最早可从8月下旬开始，年际变化大，有的年份不明显，有的年份则阴雨连绵，持续时间可长达1个月。9月，

雪茄烟叶种植区降水明显多于湖北省中东部地区，达 80～130 mm；对 4 个种植区来说，南部多于北部；雨日多年平均有 9～12 d，最多可达 20～25 d。

(4)来凤、五峰发生冰雹概率大

冰雹是一种中小尺度强对流系统引起的剧烈的气象灾害，具有出现范围小、持续时间短，但来势猛、强度大的特点。山区地形的抬升作用会加剧强对流天气的发生，因此冰雹多发于山区。另外，山区地形复杂，不同的地理环境，如山地的高程、切割深度、坡度、坡向等都对冰雹的形成有不同程度的影响，因此冰雹具有局地性强的特点。国家站只记录测站附近观测到的冰雹，落到其他无测站地区的冰雹并不记录在测站观测信息中，但可能会以灾情方式出现在灾情上报信息中。

统计国家站冰雹数据发现，来凤、五峰发生冰雹的概率相较于丹江口、枣阳要大，来凤、五峰年平均冰雹日 0.4～0.5 d，丹江口、枣阳 0.1～0.3 d；最多一年来凤出现 6 次冰雹天气，五峰 5 次、枣阳 3 次、丹江口 1 次。在时间分布上，春季冰雹频次多于夏季，但由于夏季烟株处于旺长到成熟期，植株较为高大，一旦出现雹灾，损失更大。

2.4　主要灾害及影响

2.4.1　主要气象灾害及影响建议

一般情况下，雪茄烟叶大田期可能遭遇的气象灾害有：4—5 月的低温阴雨寡照、冰雹、干旱等，6—8 月的暴雨洪涝、高温干旱、雷暴大风、冰雹等，9 月的持续阴雨天气。

春季低温阴雨寡照天气主要影响大田前期烟苗的正常生长发育，田间过湿既不利于蹲苗生根，也容易滋生蛞蝓、蜗牛等病虫害。干旱可造成烟株缺水，导致个体发育不良，品质变差，甚至烟苗因缺水死亡。冰雹天气可使雪茄烟株变成残株败叶，失去采收价值。暴雨洪涝灾害可使烟田发生渍涝，甚至被淹没而导致烟株死亡。高温热害会破坏烟叶叶绿素，影响光合作用，从而使新陈代谢失调，影响烟叶生长、成熟和品质。高温高湿可能导致青枯病暴发。大风对大田中后期的烟株影响较大，5 级(8～10.7 m/s)以上风就可使叶片由于摩擦而出现伤斑，7 级(13.9～17.1 m/s)以上风可造成烟株倒伏和破损，影响烟叶产量和品质。采收期持续性阴雨天气可使烟叶干物质积累少，叶片含水量大，晚熟，难以采收晾制。

(1)低温

气温低于 10 ℃，烟叶生长将受阻。烟叶在苗期能忍受短时 0 ℃左右的低温，但易造成冷害。如长时间处于－3～－2 ℃的低温，则植株死亡。此外，在苗期或移栽后长期生长在低温条件下，易导致早花减产。

建议：在早春烟叶生产上，采用保温措施育苗，适时播种移栽，遭遇低温冻害时，做好烟苗保温防寒工作。

(2)水涝

持续阴雨和暴雨均可能造成烟田水涝。水涝严重影响烟叶根系的通气条件，伸根期，影响根系的形成和发育；旺长期，则容易发生病害；成熟期，则不利于烟叶成熟落黄。如果烟田受涝严重，土壤中缺氧易影响根系的正常生长和吸收，随着土壤中还原物质的增加致使烟根中毒，甚至腐烂，烟株发生萎蔫或死亡。处于旺长期的烟株对水涝敏感，此期淹水烟叶化学品质下降严重。各生育期淹水,烟叶化学品质随淹水时间、淹水深度的增加呈显著下降趋势。

建议:做好烟叶烟苗田间管理,及时清沟培土。遇洪涝灾害时及时排涝,洪涝发生后,及时在田间挖沟排水排涝,排涝后及时追肥、中耕培土,促进烟株迅速恢复生长,减少损失。

(3)高温热害

温度过高对烟叶的产量和质量会产生严重影响。烟叶生长期内温度高于 30 ℃,特别是高于 35 ℃时干物质消耗大于积累,热害使烟叶的质量明显降低。烟叶成熟期温度过高,即便是短期的高温,也会破坏叶绿素,影响光合作用,呼吸作用反常增强,消耗过多的光合产物,从而使新陈代谢失调,影响烟株的生长、成熟和烟叶品质。烟草生长期间,当大田温度高于 35 ℃时,生长虽不会完全停止,但将受到抑制,同时在高温条件下烟碱含量会不成比例地增高,影响品质。烟叶成熟期日最高气温超过 35 ℃,则会导致烟叶品质大幅度下降。

建议:有条件的情况下,采用遮阳网遮光降温,减弱直射光,增加散射光,改善烟叶品质。

(4)干旱

烟田缺水,烟株生长缓慢甚至停滞,叶片小而厚,组织紧密,蛋白质、尼古丁等含氮化合物增加,烟味辛辣,品质低劣。

建议:通过起垄种植,移栽时浇足水,栽后浅锄保墒,促进早还苗;适当中耕,可保墒,亦可使用塑料薄膜或秸秆覆盖,抗旱保墒。有灌溉条件的可通过灌溉缓解或解除旱情。

(5)冰雹

冰雹对烟叶的危害甚大,轻者叶片穿孔破损、叶片击断,重者主茎折断,烟株倒伏,甚者可造成烟叶寸片不留。

建议:及早预报预警,及时开展人工防雹,减少冰雹灾害发生。在发生冰雹灾害后应及时清理烟田残叶,根据受灾情况适量追肥并培土。

(6)大风

雪茄烟叶植株高大,根系不发达,叶片大而柔嫩,5 级以上的大风对烟株影响很大。在生长中期刮大风,影响烟株生长,促使病害发生或叶片反转(叶背朝上),暴晒后呈白色,对品质不利。尤其是接近成熟的烟叶遭受风灾,叶片互相摩擦而发生伤斑,初呈现浓绿色,后又转为红褐色,直至最后干枯脱落,其产量和品质都会受到严重影响。

建议:因地制宜依据地形种植烟叶,起垄方向可顺应当地大风主导风向。

(7)多雨寡照和高温高湿

多雨寡照天气将严重影响烟叶光合作用,导致有机物质积累减少,品质下降。另外,大雨后高温高湿容易造成雪茄烟叶病虫害多发及下部烂叶,严重影响产量和质量。

建议:及早监测和预报,适时采取适当田间管理措施,增大田间通风,及时防虫防病。

2.4.2 主要病虫害高发的有利气候条件

通过查阅资料及调查分析获悉,影响湖北雪茄烟叶的主要病虫害有烟草病毒病、黑胫病、赤星病、青枯病、斜纹夜蛾等。以上病虫害的流行高发与气候条件有很大关系。

(1)烟草病毒病

烟草病毒病俗称烟草花叶病,这是目前烟草种植上分布最广、发生最为普遍的一大类病害。引致烟草病毒病的病毒主要有普通花叶病毒(TMV)、黄瓜花叶病毒(CMV)、马铃薯 Y 病毒(PVY)等 3 种,且这几种病毒可能混合发生。烟草病毒病主要破坏烟叶叶绿素,使其光合作用减弱，病叶出现浅绿与常绿相间的花叶，严重时叶片变形，形成泡斑。早期发病的烟株严重矮化，基本无利用价值。苗床期至旺长期易感染病毒，打顶后抗性增强，此时感染危害不大。

烟草病毒病的感染除了与传染源、田间管理等有关外，其流行高发与环境条件也有一定关系。TMV 发生的适宜温度为 25～27 ℃，高于 38～40 ℃侵入受抑制。温度和光照很大程度上影响病情扩散和流行速度，高温和强光可缩短潜育期。

选用耐抗病品种，采取合理的轮作制度，加强苗床期及田间管理，农事操作合理、卫生，再配合有效的抗病毒药剂，可以有效控制烟草病毒病的危害。

(2)黑胫病

黑胫病属于真菌性病害，苗期发病较少，主要危害大田期烟株，以团棵至旺长期前后发病普遍，盛发期在现蕾阶段。症状因烟株生长阶段和气候条件的不同而有较大差异。幼苗染病，先在茎基形成黑斑或先从底叶发病，然后扩展到茎上；苗床湿度大时，黑斑很快沿茎向上扩展，造成全株腐烂，病部布满白毛菌丝和孢子囊，并迅速传染给附近烟苗，造成烟株成片死亡。大田期发病一般茎基部呈现水渍状片状黑斑，迅速蔓延全株，病株叶片变黄、凋萎死亡。

黑胫病属高温高湿型病害，其发生流行与温度和湿度有密切的关系，平均气温 24～25 ℃最适合病害侵染，28～30 ℃发病最快，低于 20 ℃很少发病；候平均气温达到 20～22 ℃开始发病，23 ℃以上大量发生并迅速蔓延。湿度是黑胫病流行的限制因子，雨后相对湿度保持在 80%以上 3～5 d，田间就会出现一个发病高峰，全年第一场大雨(雨量在 40 mm 以上)后 7 d 左右，黑胫病开始流行，在烟株现蕾前雨量大，则病害加重。

选择种植抗病品种，采取轮作制度，大力推广高起垄、高培土技术，烟田要求平整，防止积水。育苗时苗床用 20%地菌灵(乙酸铜)可湿性粉剂 10 g/m^2，拌 10～12 kg 干细土，播种时 1/3 撒在苗床表面，播种后其余 2/3 覆盖在种子上。移栽前苗床用 58%甲霜灵锰锌可湿性粉剂 500 倍液均匀喷雾。移栽时用 55%敌克松可湿性粉剂 350～400 g/亩穴施。在发病期可以结合化学药剂进行防治。

(3)赤星病

赤星病亦为真菌性病害，出现在烟叶成熟期，在烟株打顶后，叶片进入成熟阶段开始发病，如果条件适宜病情会逐渐加重。病叶最初出现黄褐色圆形小斑点，以后扩大成直径 1～2.5 cm 的褐色和赤褐色近圆形病斑，有明显的同心轮纹，边缘明显，病害严重时，病斑布满全叶，致使叶片提前“成熟”和“枯死”。

温度和湿度是影响赤星病暴发的主要气象因子，温度主要影响赤星病发生的早晚和潜育期时间的长短，湿度主要影响发病的程度。一般温度达 21～22 ℃、湿度达 70%～80%开始发病；当温度达 25～28 ℃、连续降雨或烟株 24 h 有水滴时，5～8 d 会大规模暴发病害。干旱少雨则病轻，土壤黏重则病害重，沙土病害轻。

赤星病防治时，应提倡“预防为主，综合治理”的防治方针，主要的防治手段包括选用抗病品种、清除田间病株、改进栽培方法、综合应用化学防治和生物防治等措施。

(4)青枯病

青枯病属于细菌性病害，是典型的维管束病害，根、茎、叶各部均可受害，最典型的症状是枯萎。病菌多从烟株一侧的根部侵入，在晴天中午可见烟株一侧 1～2 片叶凋萎下垂，而夜间可以恢复，萎蔫一侧的茎上有褪绿条斑，萎蔫叶片仍为青色，故称为“青枯病”。发病中前期，烟株一直表现一侧叶片枯萎，另一侧比较正常(俗称“半边疯”)，此期拔出根部，可见发病一侧许多侧根变黑腐烂，另一侧比较正常。随着病情加重，褪绿条斑变为黑色条斑，可达烟株顶部，发病中期枯萎叶片由绿色变浅绿色，然后逐渐变黄，大部分叶片萎蔫，有条斑的茎和根部变黑。到发病后期，全部叶片萎蔫变黄，根部全部变黑腐烂，直至整株枯死。青枯病在烟叶苗期和大田期均能发生，但主要发生在大田期，一般在团棵期出现症状，旺长期达到发病高峰，直到成熟期病情仍可继续发展。

青枯病亦为高温高湿型病害，低温高湿或高温干旱都不能使病害发生和流行。发病最适宜的温度为 30～35 ℃。湿度是影响该病发病流行的另一重要因素，雨量多湿度大，病害发展快，危害重，相反雨量少，湿度低，病害发展受抑制，危害相对较轻。暴风雨或久旱后遇暴风雨或时雨时晴的闷热天气更有利于病害的发生和流行。

坚持“预防为主，综合防治”方针，着重进行农业栽培措施防病，选种抗病品种，合理轮作或土壤改良，结合选择正确药剂预防。注重田间卫生，不要在下雨天打顶抹杈；大田期若发现染病烟株要及时清出烟田，集中销毁，以防烟草青枯病菌传播蔓延，有需要时撒施一些生石灰对烟穴消毒。烟叶采收结束后，病秆要连根集中清出烟田统一处理，不可回田充当肥料。

(5)斜纹夜蛾

斜纹夜蛾成虫不造成危害，以幼虫危害作物。在烟株生长前期，夜蛾幼虫危害心芽和嫩叶，造成大小不等孔洞，有的幼虫钻蛀茎秆直至烟株生长受阻甚至整株折断，对产量影响极大。

斜纹夜蛾是一种喜温性害虫，其发生的有利条件是烟田生长茂密，温度和湿度适宜。最适宜温度为 28～30 ℃，相对湿度 75%～85%。阴雨高温天气有利于卵孵化和幼虫生长。

一般采用农业防治、物理防治、药剂防治相结合的方法。及时铲除田边杂草。在幼虫入土化蛹高峰期，结合农事操作进行中耕灭蛹；利用成虫的趋光性和趋化性，在成虫盛发期，采用黑光灯、糖醋酒液诱杀成虫；在斜纹夜蛾产卵高峰期至初孵期，采取人工摘除卵块和初孵幼虫危害叶片，带出田外集中销毁。午后及傍晚，亦可在卵块孵化到 3 龄幼虫前喷洒药剂防治。

第3章 湖北省雪茄烟叶气候适生性评价

生态条件是烟叶质量特征和区域风格特色形成的基础条件，选择适宜的移栽期是烟叶优质适产的重要手段（邵惠芳 等，2011；许自成 等，2008）。有关不同移栽期条件下烤烟生长发育状态，李进平等（2005）已经开展了较为成熟的研究，雪茄烟叶种植相关技术的研究也已开展了部分工作（孙延国 等，2019；蔡斌 等，2019），但通过气候适生性评价等形式定量分析雪茄烟叶在湖北的气候适生性，并确定适宜移栽日期的研究很少。雪茄烟叶尤其是茄衣，对自然生态条件要求苛刻，但仍属烟草类红花烟草种，其生物学和生长特性均与其他类型烟草相近，因此，在估算气候适生性指数（Climate Feasibility Index，CFI）及与国外优质烟区的相似性分析等方面，参考了许自成等（2008）、李进平等（2005）关于湖北烤烟的相关研究及方法。本章对比分析了湖北雪茄烟区与优质烟区在不同移栽期条件下大田生育时期的气候资源特征，并通过定量估算气候适生性指数（CFI），以及与世界优质烤烟区的气候资源相似距离，判断湖北雪茄种植的适生性和适宜移栽期，以期更好地适应当地气候条件，进而提升雪茄产量和品质，为湖北雪茄烟叶生产提供科学依据。

3.1 研究数据

使用资料包括湖北雪茄烟区（丹江口、五峰、来凤、枣阳）1963—2021年的气温、降水量、日照时数等逐日气候资料，来源于湖北省气象信息与技术保障中心；国外优质烟区数据参考部分文献资料，如蔡斌等（2019）、许自成等（2008）。根据湖北雪茄烟叶大田期特点，将湖北雪茄烟叶的大田生长期设定为110 d，其中伸根期、旺长期、成熟期持续天数分别为35 d、30 d、45 d。按照相关研究方法，以移栽时日平均气温稳定通过15 ℃、18 ℃、20 ℃、22 ℃的日期为分界线，计算不同移栽期A、B、C、D条件下的相关指标。

3.2 研究方法

3.2.1 气候适生性评价

应用模糊数学方法对湖北雪茄烟叶不同移栽期下的气候适生性进行定量评估，主要采用隶属函数数学模型、指数和法。设不同移栽期下有 n 个生态环境（$n=1,2,\cdots,i$），每个生态环境又有 m 个气候指标（$m=1,2,\cdots,j$），这里 $n=4$，$m=9$，那么不同移栽期条件下的气候适生性指数（CFI）则可表示为

$$\mathrm{CFI}_i=\sum_{j=1}^{m}N_{ij}\cdot W_{ij} \tag{3.1}$$

式中：N_{ij} 和 W_{ij} 分别为第 i 个生态环境的第 j 个气候指标的隶属度值和权重系数；CFI取值

为 0～1.0，CFI 越接近 1.0，说明气候条件越适宜种植优质烟草。

根据湖北雪茄烟叶生产实际情况，确定湖北雪茄种植区气候指标的隶属函数类型近似为抛物线型函数(刘冲 等，2012)，其公式表示为

$$f(x)=\begin{cases}0.1 & x<x_1;x>x_2\\ \dfrac{0.9(x-x_1)}{x_3-x_1}+0.1 & x_1\leqslant x<x_3\\ 1.0 & x_3\leqslant x\leqslant x_4\\ 1-\dfrac{0.9(x-x_4)}{x_2-x_4} & x_4<x\leqslant x_2\end{cases} \tag{3.2}$$

式中：x_1、x_2、x_3、x_4 分别为抛物线型曲线的下限、上限、最优值下限、最优值上限，如图 3.1 所示。将原始气象数据带入隶属函数公式，计算出 N_{ij}。

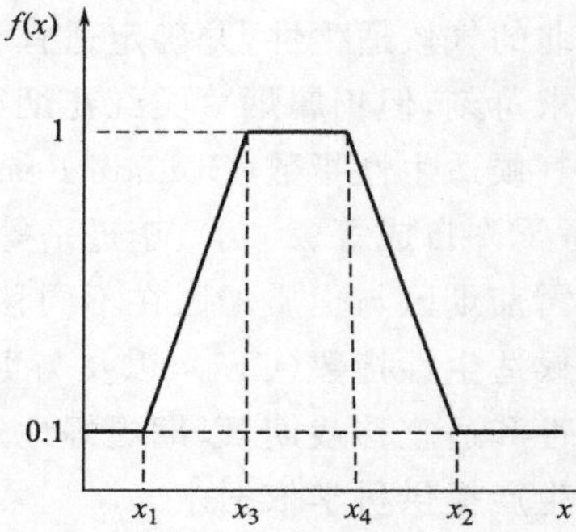

图 3.1 抛物线型隶属函数曲线

采用降维主成分分析法确定气候指标的权重系数，并对出现的负权重系数情况进行标准化、归一化处理，得出 W_{ij}。

考虑雪茄烟叶大田生长期不同阶段对气象要素的需求不同，确定伸根期、旺长期、成熟期的温度和降水量，大田期的积温、日照以及湿度共 9 项气象要素为计算气候适生性的评价因子。根据王得强等(2012)的研究，选择抛物线函数为参评指标所属隶属函数，指标权重则通过主分量分析来研究指标体系的内在关系结构。

3.2.2 相似性分析

基于气候相似原理，相似性分析广泛应用于作物引进、优良品种培育等方面，选择气候条件相似性较高的区域是引种培优的指标之一。相似距离根据欧氏距离公式，使用统计分析软件 SPSS 进行计算：

$$d_{ij}=\sqrt{\sum(X'_{ik}-X'_{jk})^2/m} \tag{3.3}$$

式中：d_{ij} 为相似距离；X'_{ik} 和 X'_{jk} 分别为第 i 个生态环境、第 j 个气候指标的第 k 个指标标准化值。

3.3 不同移栽期气候资源分析

优质烟区要求的气候资源：①平均气温，通常还苗期与伸根期气温 18～28 ℃，旺长期气温 20～28 ℃，成熟期气温 20～25 ℃，有利于优质烟叶的生长发育；②降水量，优质烟叶通常要求降水量充足而均匀，一般要求伸根期 80～100 mm，旺长期 100～200 mm，成熟期 100 mm 左右；③光热条件，优质烟区要求光照充足，和煦而不暴烈；④相对湿度，要求温暖湿润。

通过表 3.1～3.4 对比分析可以看出，不同移栽期条件下的四地雪茄烟叶大田生长期内，光热条件较好，日平均气温在 20 ℃以上，≥10 ℃活动积温在 2300 ℃・d 以上，日照充足；水分

充足，相对湿度条件较好。四地整体降水量满足生长需求，其中在丹江口 B、C 移栽期，来凤 D 移栽期，五峰 A、D 移栽期，枣阳 A、B 移栽期下各生育期的降水量以旺长期最少，与优质烟区对降水量需求的趋势表现有一定差距。总体来说，丹江口、来凤、五峰、枣阳四地在雪茄烟叶大田期，气候温暖湿润、日照充足而和煦，能够为雪茄烟叶生长提供有利条件。

表 3.1 丹江口雪茄烟区不同移栽期条件下所形成的气候表现及其与国外优质烟区的对比

气候指标	移栽期				国外优质烟区		
	A	B	C	D	美国	巴西	津巴布韦
伸根期平均气温/℃	18.0	20.7	22.0	24.5	20.7	16.4	21.1
旺长期平均气温/℃	23.3	25.4	26.2	27.2	24.4	18.9	20.8
成熟期平均气温/℃	27.0	27.9	28.0	27.4	22.1	21.1	20.3
伸根期降水量/mm	81.0	88.3	95.5	92.8	111.8	89.8	138.3
旺长期降水量/mm	84.3	86.5	86.9	118.2	163.8	124.6	151.7
成熟期降水量/mm	163.1	191.4	199.8	188.3	122.7	162.9	114.2
≥10 ℃活动积温/(℃·d)	2539.9	2743.2	2816.7	2906.3	3336	2379	2501
大田期日照时数/h	666.8	685.9	686.1	682.3	1104	696	768
大田期相对湿度/%	71.6	72.6	73.2	74.2	75	78	72

注：A、B、C、D 分别表示移栽时日平均气温稳定通过 15 ℃、18 ℃、20 ℃、22 ℃的日期，分别为 4 月 5 日、4 月 21 日、4 月 29 日、5 月 16 日。

表 3.2 来凤雪茄烟区不同移栽期条件下所形成的气候表现

气候指标	移栽期			
	A	B	C	D
伸根期平均气温/℃	17.7	20.1	22.2	23.7
旺长期平均气温/℃	21.7	23.8	25.5	26.5
成熟期平均气温/℃	25.5	26.5	26.3	25.3
伸根期降水量/mm	174.4	206.1	214.4	247.7
旺长期降水量/mm	191.7	224.5	248.1	219.8
成熟期降水量/mm	349.5	298.7	251.6	227.5
≥10 ℃活动积温/(℃·d)	2446.6	2632.7	2752.8	2786.2
大田期日照时数/h	438.2	504.8	548.7	560.3
大田期相对湿度/%	83.2	81.8	81.8	81.8

注：A、B、C、D 分别表示移栽时日均气温稳定通过 15 ℃、18 ℃、20 ℃、22 ℃的日期，分别为 4 月 8 日、4 月 26 日、5 月 15 日、5 月 28 日。

表 3.3 五峰雪茄烟区不同移栽期条件下所形成的气候表现

气候指标	移栽期			
	A	B	C	D
伸根期平均气温/℃	16.7	20.1	21.6	23.5
旺长期平均气温/℃	20.5	23.5	24.5	24.5

续表

气候指标	移栽期			
	A	B	C	D
成熟期平均气温/℃	24.0	24.0	22.8	20.3
伸根期降水量/mm	193.6	190.4	231.1	303.8
旺长期降水量/mm	165.2	265.2	236.0	174.4
成熟期降水量/mm	362.1	266.9	249.5	205.0
≥10 ℃活动积温/(℃·d)	2301.6	2514.4	2538.8	2487.9
大田期日照时数/h	531.5	580.0	582.0	569.9
大田期相对湿度/%	79.0	79.9	80.0	80.2

注：A、B、C、D分别表示移栽时日平均气温稳定通过15 ℃、18 ℃、20 ℃、22 ℃的日期，分别为4月16日、5月16日、5月29日、6月17日。

表3.4　枣阳雪茄烟区不同移栽期条件下所形成的气候表现

气候指标	移栽期			
	A	B	C	D
伸根期平均气温/℃	18.3	20.7	22.5	24.4
旺长期平均气温/℃	23.7	25.5	26.4	27.1
成熟期平均气温/℃	27.3	27.9	27.8	27.3
伸根期降水量/mm	107.4	107.6	104.2	97.0
旺长期降水量/mm	78.8	95.7	138.5	170.1
成熟期降水量/mm	232.9	241.6	215.6	181.2
≥10 ℃活动积温/(℃·d)	2605.9	2772.0	2858.7	2919.8
大田期日照时数/h	674.5	699.9	707.1	712.1
大田期相对湿度/%	72.8	73.5	74.3	74.8

注：A、B、C、D分别表示移栽时日平均气温稳定通过15 ℃、18 ℃、20 ℃、22 ℃的日期，分别为4月10日、4月24日、5月5日、5月17日。

3.4　气候适生性综合评价及相似性分析

3.4.1　丹江口

丹江口雪茄烟区各气象要素在不同移栽期条件下的权重如表3.5所示。通过对丹江口的CFI值及相似距离进行分析（表3.6、表3.7）发现，不同移栽期下气候适生性指数在0.839～0.847，CFI值为D＞A＞C＞B；移栽期A与巴西、津巴布韦，B与津巴布韦中等相似（相似距离≤1.5），其他为较低相似（1.5＜相似距离≤2.0）。

综合分析，丹江口不同移栽期下的气候资源A、D相对较好，气候适生性指数均在0.800以上且差距不大。与国外优质烟区的气候相似性A优势较大，故确定移栽期A最为符合丹江口雪茄烟叶生长的各项指标，即4月5—20日移栽较为适宜。

表 3.5 丹江口雪茄烟区各气象要素在不同移栽期条件下的权重

气候指标	权重				转折点			
	A	B	C	D	下限	最优值下限	最优值上限	上限
伸根期平均气温/℃	0.136	0.127	0.114	0.105	13	18	28	35
旺长期平均气温/℃	0.132	0.126	0.141	0.110	10	20	28	35
成熟期平均气温/℃	0.111	0.112	0.129	0.143	16	20	25	35
伸根期降水量/mm	0.085	0.092	0.098	0.119	20	80	100	300
旺长期降水量/mm	0.093	0.096	0.076	0.106	50	100	200	400
成熟期降水量/mm	0.115	0.116	0.109	0.072	30	80	120	320
≥10 ℃活动积温/(℃·d)	0.137	0.129	0.137	0.131	1200	2600	3500	4200
大田期日照时数/h	0.095	0.105	0.117	0.131	300	500	700	800
大田期相对湿度/%	0.096	0.097	0.079	0.083	60	70	80	90

表 3.6 丹江口雪茄烟区不同移栽期的气候适生性指数

移栽期	平均值	标准差	变幅
A	0.845	0.070	0.704～0.953
B	0.839	0.056	0.692～0.944
C	0.844	0.059	0.694～0.960
D	0.847	0.074	0.657～0.852

表 3.7 丹江口雪茄烟区不同移栽期气候条件与国外烟区的气候相似距离

移栽期	国外烟区			平均值
	美国	巴西	津巴布韦	
A	1.789	1.143	1.493	1.475
B	1.598	1.530	1.497	1.542
C	1.570	1.880	1.609	1.686
D	1.539	1.991	1.539	1.690

3.4.2 来凤

来凤雪茄烟区各气象要素在不同移栽期条件下的权重如表 3.8 所示。通过对来凤的 CFI 值及相似距离进行分析(表 3.9、表 3.10)发现,不同移栽期下气候适生性指数在 0.800～0.830,CFI 值为 C＞D＞B＞A;移栽期 A 与巴西中等相似(相似距离≤1.5),其他为较低相似(1.5＜相似距离≤2.0)。

表 3.8 来凤雪茄烟区各气象要素在不同移栽期条件下的权重

气候指标	权重				转折点			
	A	B	C	D	下限	最优值下限	最优值上限	上限
伸根期平均气温/℃	0.124	0.093	0.115	0.129	13	18	28	35
旺长期平均气温/℃	0.125	0.129	0.119	0.128	10	20	28	35
成熟期平均气温/℃	0.121	0.140	0.130	0.115	16	20	25	35

续表

气候指标	权重				转折点			
	A	B	C	D	下限	最优值下限	最优值上限	上限
伸根期降水量/mm	0.088	0.121	0.111	0.103	20	80	100	300
旺长期降水量/mm	0.109	0.100	0.106	0.092	50	100	200	400
成熟期降水量/mm	0.097	0.077	0.085	0.100	30	80	120	320
≥10 ℃活动积温/(℃·d)	0.136	0.121	0.135	0.134	1200	2600	3500	4200
大田期日照时数/h	0.122	0.136	0.121	0.120	300	500	700	800
大田期相对湿度/%	0.076	0.083	0.077	0.077	60	70	80	90

表 3.9 来凤雪茄烟区不同移栽期的气候适生性指数

移栽期	平均值	标准差	变幅
A	0.800	0.077	0.655～0.956
B	0.811	0.075	0.685～0.979
C	0.830	0.069	0.696～0.958
D	0.828	0.068	0.651～0.974

表 3.10 来凤雪茄烟区不同移栽期气候条件与国外烟区的气候相似距离

移栽期	国外烟区			平均值
	美国	巴西	津巴布韦	
A	1.889	1.329	1.606	1.608
B	1.692	1.604	1.572	1.623
C	1.626	1.858	1.639	1.708
D	1.607	1.946	1.618	1.724

综合分析，来凤不同移栽期下的气候资源 A、B、C 相对较好，气候适生性指数均在 0.800 以上且差距不大。与国外优质烟区的气候相似性 A 优势较大，故确定移栽期 A 最为符合来凤雪茄烟叶生长的各项指标，即 4 月 8—25 日移栽较为适宜。

3.4.3 五峰

五峰雪茄烟区各气象要素在不同移栽期条件下的权重如表 3.11 所示。通过对五峰的 CFI 值及相似距离进行分析（表 3.12、表 3.13）发现，不同移栽期下气候适生性指数在 0.787～0.827，CFI 值为 B＞D＞C＞A；移栽期 A 与巴西、C 和 D 与津巴布韦中等相似（相似距离≤1.5），其他为较低相似（1.5＜相似距离≤2.0）。

表 3.11 五峰雪茄烟区各气象要素在不同移栽期条件下的权重

气候指标	权重				转折点			
	A	B	C	D	下限	最优值下限	最优值上限	上限
伸根期平均气温/℃	0.118	0.125	0.122	0.113	13	18	28	35
旺长期平均气温/℃	0.126	0.117	0.120	0.114	10	20	28	35
成熟期平均气温/℃	0.113	0.112	0.120	0.128	16	20	25	35

续表

气候指标	权重				转折点			
	A	B	C	D	下限	最优值下限	最优值上限	上限
伸根期降水量/mm	0.099	0.114	0.112	0.114	20	80	100	300
旺长期降水量/mm	0.110	0.092	0.097	0.118	50	100	200	400
成熟期降水量/mm	0.116	0.123	0.110	0.091	30	80	120	320
≥10 ℃活动积温/(℃·d)	0.121	0.121	0.124	0.123	1 200	2 600	3 500	4 200
大田期日照时数/h	0.069	0.071	0.075	0.080	300	500	700	800
大田期相对湿度/%	0.126	0.126	0.120	0.119	60	70	80	90

表 3.12　五峰雪茄烟区不同移栽期的气候适生性指数

移栽期	平均值	标准差	变幅
A	0.787	0.068	0.632～0.977
B	0.827	0.067	0.622～0.948
C	0.818	0.071	0.630～0.964
D	0.822	0.067	0.633～0.972

表 3.13　五峰雪茄烟区不同移栽期气候条件与国外烟区的气候相似距离

移栽期	国外烟区			平均值
	美国	巴西	津巴布韦	
A	1.947	1.169	1.619	1.578
B	1.652	1.545	1.595	1.597
C	1.560	1.547	1.465	1.524
D	1.704	1.636	1.398	1.579

综合分析，五峰不同移栽期下的气候资源 B、C 相对较好，气候适生性指数除 A 外均在 0.800 以上。与国外优质烟区的气候相似性 A、C、D 优势较大，且经比较移栽期 C 相似距离平均值最小，故确定移栽期 C 最为符合五峰雪茄烟叶生长的各项指标，即 5 月 29 日—6 月 16 日移栽较为适宜。

3.4.4　枣阳

枣阳雪茄烟区各气象要素在不同移栽期条件下的权重如表 3.14 所示。通过对枣阳的 CFI 值及相似距离进行分析(表 3.15、表 3.16)发现，不同移栽期下气候适生性指数在 0.719～0.839，CFI 值为 C＝D＞A＞B；移栽期 A 与巴西、C 和 D 与美国中等相似(相似距离≤1.5)，其他为较低相似(1.5＜相似距离≤2.0)。

表 3.14　枣阳雪茄烟区各气象要素在不同移栽期条件下的权重

气候指标	权重				转折点			
	A	B	C	D	下限	最优值下限	最优值上限	上限
伸根期平均气温/℃	0.135	0.131	0.136	0.121	13	18	28	35
旺长期平均气温/℃	0.107	0.110	0.125	0.136	10	20	28	35

续表

气候指标	权重				转折点			
	A	B	C	D	下限	最优值下限	最优值上限	上限
成熟期平均气温/℃	0.134	0.102	0.120	0.113	16	20	25	35
伸根期降水量/mm	0.082	0.131	0.088	0.096	20	80	100	300
旺长期降水量/mm	0.122	0.099	0.122	0.096	50	100	200	400
成熟期降水量/mm	0.091	0.124	0.104	0.116	30	80	120	320
≥10 ℃活动积温/(℃·d)	0.137	0.122	0.137	0.133	1200	2600	3500	4200
大田期日照时数/h	0.110	0.096	0.089	0.105	300	500	700	800
大田期相对湿度/%	0.082	0.084	0.079	0.084	60	70	80	90

表 3.15 枣阳雪茄烟区不同移栽期的气候适生性指数

移栽期	平均值	标准差	变幅
A	0.806	0.077	0.636～0.947
B	0.719	0.074	0.581～0.860
C	0.839	0.074	0.663～0.959
D	0.839	0.072	0.637～0.966

表 3.16 枣阳雪茄烟区不同移栽期气候条件与国外烟区的气候相似距离

移栽期	国外烟区			平均值
	美国	巴西	津巴布韦	
A	1.781	1.455	1.516	1.584
B	1.603	1.586	1.554	1.581
C	1.373	1.616	1.504	1.498
D	1.321	1.757	1.608	1.562

综合分析，枣阳不同移栽期下的气候资源 C、D 相对较好，气候适生性指数除 B 外均在 0.800 以上。与国外优质烟区的气候相似性 B、C、D 优势较大，且经比较移栽期 C 相似距离平均值最小，故确定移栽期 C 最为符合枣阳雪茄烟叶生长的各项指标，即 5 月 5—16 日移栽较为适宜。

3.5 湖北省雪茄与国内外优质雪茄产区对比

雪茄烟叶对自然生态条件要求较高，移栽早晚会影响到烟叶产量及品质。以研究得出的湖北省四地雪茄烟叶适宜移栽期为基准计算雪茄烟叶大田期相关生态指标，通过对比分析可以看出，四地年平均气温和年降水量与相近纬度的四川什邡气象条件更为接近，丹江口、枣阳与古巴烟区，五峰、来凤与四川什邡大田期的平均气温、降水量及日照时数较为接近

(表 3.17)。故适宜移栽期条件下,四地雪茄烟区大田生长期生态优越,有利于形成高质量雪茄烟叶。

表 3.17　湖北省 4 个雪茄烟区与国内外优质雪茄烟区生态指标对比(蔡斌 等,2019)

雪茄烟区	纬度区间	年平均气温/℃	大田期平均气温/℃	年降水量/mm	大田期降水量/mm	年日照时数/h
古巴	19°53′～23°16′N	23～29	23	1000～1500	283	1677～2540
海南岛	18°10′～20°10′N	23～27	18～26	940～2388	313～521	1827～2810
四川什邡	31°13′N	16～18	17～24	830～1100	237	1000～1400
湖北来凤	29°06′～29°40′N	13～17	21～26	1300～1900	618～993	1162～1445
湖北丹江口	32°14′～32°59′N	15～17	21～25	495～1360	330	1410～2246
湖北五峰	30°03′～32°40′N	12～17	21～26	892～2021	716	1011～1776
湖北枣阳	31°64′～32°43′N	14～17	23～28	473～1432	458	1364～2379

3.6　本章小结

通过对湖北雪茄烟区的生态条件、气候适生性进行统计分析,并与优质烟区生态条件进行相似性比较,得出以下主要结论。

(1)湖北雪茄烟区烟叶生长大田期,总体气候温暖湿润、日照充足而和煦,具备良好的雪茄烟叶种植气象条件。

(2)通过设置不同移栽期,对湖北雪茄烟区的气候资源开展气候适生性综合评价及相似性分析,从而判断雪茄种植的适宜移栽期:丹江口 4 月 5—20 日、来凤 4 月 8—25 日、五峰 5 月 29 日—6 月 16 日、枣阳 5 月 5—16 日。

本章为湖北雪茄烟叶适宜移栽期选择提供了初步参考,但由于发展雪茄烟叶生产时间相对较短,要确定雪茄烟叶最佳移栽期还需要做大范围、深尺度的适宜性研究及品质分析。

第 4 章　湖北省烟叶大田期有效积温变化

烤烟在全国农作物中占有重要经济地位，湖北省是中国烤烟主产区，也是烤烟种植最适宜区和适宜区（孟丹 等，2015；蔡长春 等，2011；王彦亭 等，2010；贺升华 等，2001）。气候因子是影响烟叶品质的主要生态因子，烤烟种植区气候条件的变化对烤烟的品质和产量均会产生重要影响。近年来，不少学者围绕气候变化对烤烟种植的影响开展了广泛研究，如烤烟种植气候适宜性与区划、气候因子对烤烟化学成分等品质的影响等（刘静 等，2022；孙敬国 等，2021；吴璐 等，2020；林丽燕 等，2014）。

烤烟大田期是烤烟生长、成熟的关键阶段，直接关乎烤烟的产量和品质，大田期有效积温是衡量烤烟生长发育的重要农业热量资源指标（文建川 等，2019；郭芬芬 等，2016；赵锦 等，2010）。在全球气候变暖趋势下，烤烟大田期的有效积温也必然随之改变，开展气候变化对湖北烤烟种植区有效积温的研究，对于保障烤烟安全生产具有重要意义。目前，已经有较多研究人员使用气候模式资料预估未来气候变化对各类农作物生产的影响，研究对象主要以水稻、小麦、玉米等常见作物为主（王记芳 等，2021；李效珍 等，2021；唐宝琪 等，2015），针对烤烟的研究国内以云南、贵州等几个烤烟种植大省为主（张东启 等，2014；钱益亮 等，2013）。胡雪琼等（2016）利用 RegCM 模式预估未来云南烤烟种植适宜性变化，结果表明，云南烤烟未来种植适宜区增加。刘华等（2020）使用不同排放情景下的 PRECIS 模式资料定量模拟了未来重庆地区烤烟单产变化，得出单产增减存在较大不确定性的结论。白玉梅等（2019）采用 CMIP5 全球气候模式预估了贵州省烤烟大田期有效积温时空演变规律，绝大多数排放背景下各阶段及总生长期的烤烟有效积温均呈上升趋势。但是，面向湖北省烤烟大田期有效积温未来预估的研究尚未开展。在全球气候模式数据基础上，探讨气候变暖对湖北烤烟种植有效积温的影响，有利于适应气候变化，为湖北省烤烟种植区划、气候风险评估提供参考。对 CMIP6（第六次国际耦合模式比较计划）的 21 个模式进行评估，结果表明，对中国地区极端气温模拟效果最好的模式是 EC-Earth3 模式（谢文强 等，2022；向竣文 等，2021；蒋文好 等，2021），因此这里将基于 CMIP6 全球气候模式 EC-Earth3 分析未来时期湖北省烤烟有效积温演变趋势和时空格局，为当地烤烟生产发展提供科学参考，避免或减小因气象灾害造成的烤烟经济损失，做好气象为农服务保障。

4.1　研究数据

选取湖北烟区 18 个国家气象站 1960—2020 年逐日平均气温资料（对缺测日值进行了内插处理）为基础研究资料（图 4.1），数据来源于湖北省气象信息与技术保障中心。

未来气象数据采用 EC-Earth3 模式 Historical 试验（历史气候模拟试验）1960—2014 年逐日平均气温历史数据与观测值进行对比，以及 EC-Earth3 模式 ScenarioMIP 试验（情景模式比较计划）2023—2100 年逐日平均气温数据，分析 SSP1-2.6、SSP2-4.5 和 SSP5-8.5 共

3 种强迫情景下(张丽霞 等,2019),未来时期湖北烟区有效积温时空变化特征。EC-Earth3 模式介绍如表 4.1 所示,为了便于对比,使用双线性插值法将模式格点数据统一插值到气象站点上。

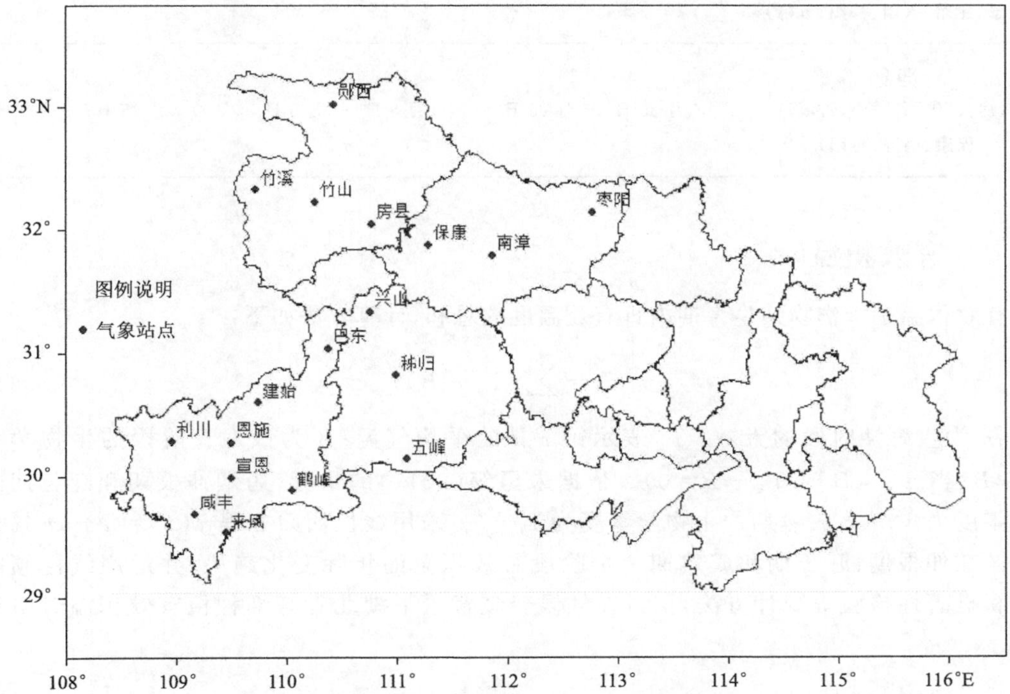

图 4.1　湖北省烟区 18 个国家气象站分布

表 4.1　CMIP6 EC-Earth3 模式介绍

模式名称	研发机构	空间分辨率(纬向×经向格点数)
EC-Earth3	EC-Earth Consortium	256×512

4.2　研究方法

4.2.1　烤烟大田期指标

参考湖北省气象服务中心"湖北省烤烟关键生育期气象指标推算与生态气候区划"课题组 2020 年 8 月湖北烟区 800～1200 m 海拔区间调研结果,综合现有相关文献和气象行业标准《烤烟气象灾害等级》(QX/T 363—2016),确定了湖北烤烟大田期指标(表 4.2)。统计分析湖北烟区在伸根期、旺长期和成熟期 3 个阶段有效积温的时空演变特征。

表 4.2 湖北省烤烟大田期指标

类型	伸根期	旺长期	成熟期
南部（巴东、恩施、鹤峰、来凤、利川、咸丰、宣恩、建始、兴山、秭归、五峰）	5月1—31日	6月11日—7月11日	7月21日—9月15日
北部（房县、郧西、竹山、竹溪、保康、南漳、枣阳）	4月25日—5月25日	6月5日—7月5日	7月15日—9月9日

4.2.2 有效积温

有效积温是指作物某生育期内日有效温度的总和，计算方法如下：

$$T=\sum_{i=1}^{n}(T_i-B) \tag{4.1}$$

式中：n 为生育期时段的天数；T_i 表示第 i 日的平均气温；B 为该发育阶段的生物学零度（$T_i \geqslant B$；当 $T_i < B$ 时 $T_i - B = 0$）。依据朱勇等（2017）的指标，烤烟伸根期和旺长期的生物学零度为 13 ℃，成熟期的生物学零度为 17 ℃。采用线性回归方程 $y(x)=a+bx$ 描述湖北烟区在伸根期、旺长期和成熟期 3 个阶段有效积温的年际变化趋势，并运用线性倾向估计法和显著性检验等统计方法，探讨在气候变暖背景下湖北省烤烟种植有效积温时空演变特征。

4.2.3 误差统计指标

采用平均误差（ME）、均方根误差（RMSE）和最大误差（$E_{\max}$）评估模式资料和观测资料之间的差异程度：

$$\mathrm{ME}=\frac{1}{n}\sum_{i=1}^{n}(\mathrm{mod}_i-\mathrm{obs}_i)$$

$$\mathrm{RMSE}=\sqrt{\frac{1}{n}\sum_{i=1}^{n}(\mathrm{mod}_i-\mathrm{obs}_i)^2}$$

$$E_{\max}=\max_i|\mathrm{mod}_i-\mathrm{obs}_i| \tag{4.2}$$

式中：mod 和 obs 分别为模式值和观测值。ME、RMSE 和 $E_{\max}$ 越小，代表模式资料和观测资料越接近，即模式的模拟性能更好、适用性更高。

4.2.4 模式误差订正

计算每个站点的模式与实况的误差率 PB，并进行订正（于灏 等，2020）。

$$\mathrm{PB}=\frac{\mathrm{ME}}{\mathrm{mod}}\times 100\%$$

$$C=\mathrm{mod}\times(1-\mathrm{PB}) \tag{4.3}$$

4.3　有效积温时空变化特征

4.3.1　1960—2020 年有效积温年际变化

图 4.2 是 1960—2020 年湖北省烟区大田期的有效积温年际变化曲线，湖北烟区大田期有效积温值在 903.3～1227.9 ℃・d，呈 2.75 ℃/(10 a)的弱上升趋势。从大田期 3 个不同阶段来看，伸根期上升趋势显著，变化趋势为 4.6 ℃/(10 a)，通过了显著性水平为 0.05 的检验，旺长期和成熟期则呈现为不显著的弱下降趋势，分别为 −0.23 ℃/(10 a)和 −1.63 ℃/(10 a)，旺长期后期至成熟期正值盛夏高温季，烤烟生长若碰到高温干旱天气，则烟叶积累干物质受限，顶叶枯边焦尖，影响烟叶品质。近 60 年来，湖北烟区旺长期、成熟期的弱下降趋势在一定程度上减轻了高温热害的严重程度。

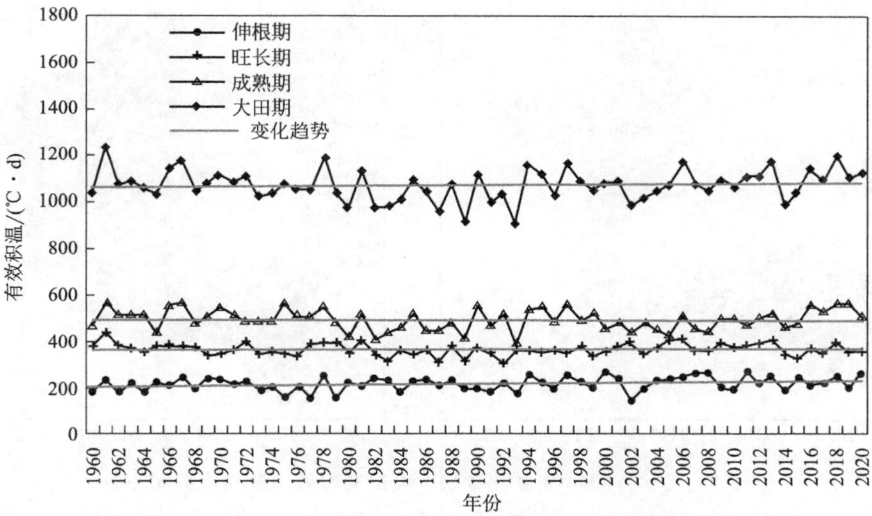

图 4.2　1960—2020 年湖北省烟区大田期有效积温年际变化

4.3.2　1960—2020 年有效积温空间分布

1960—2020 年 61 年间湖北省烟区大田期各阶段有效积温的空间分布差异较为明显，整体上呈现为“两高一低”的空间分布特征，巴东、兴山、秭归一带和枣阳是两个相对大值区，恩施州西部是有效积温低值区。除郧西、竹山、房县在伸根期有效积温略低外，大田期各阶段空间分布形态相似。从 1960—2020 年 61 年间有效积温变化趋势的空间分布（图 4.3）来看，伸根期和整个大田期，湖北大部烟区有效积温呈上升趋势，旺长期和成熟期有效积温呈下降趋势的地区更多，五峰、枣阳在大田期各阶段上升趋势均较明显，从 61 年间气候倾向率来看，五峰显著上升，通过了 0.01 的显著性检验，枣阳在伸根期、整个大田期的上升趋势通过了 0.01 的显著性检验，旺长期上升趋势通过了 0.05 的显著性检验。

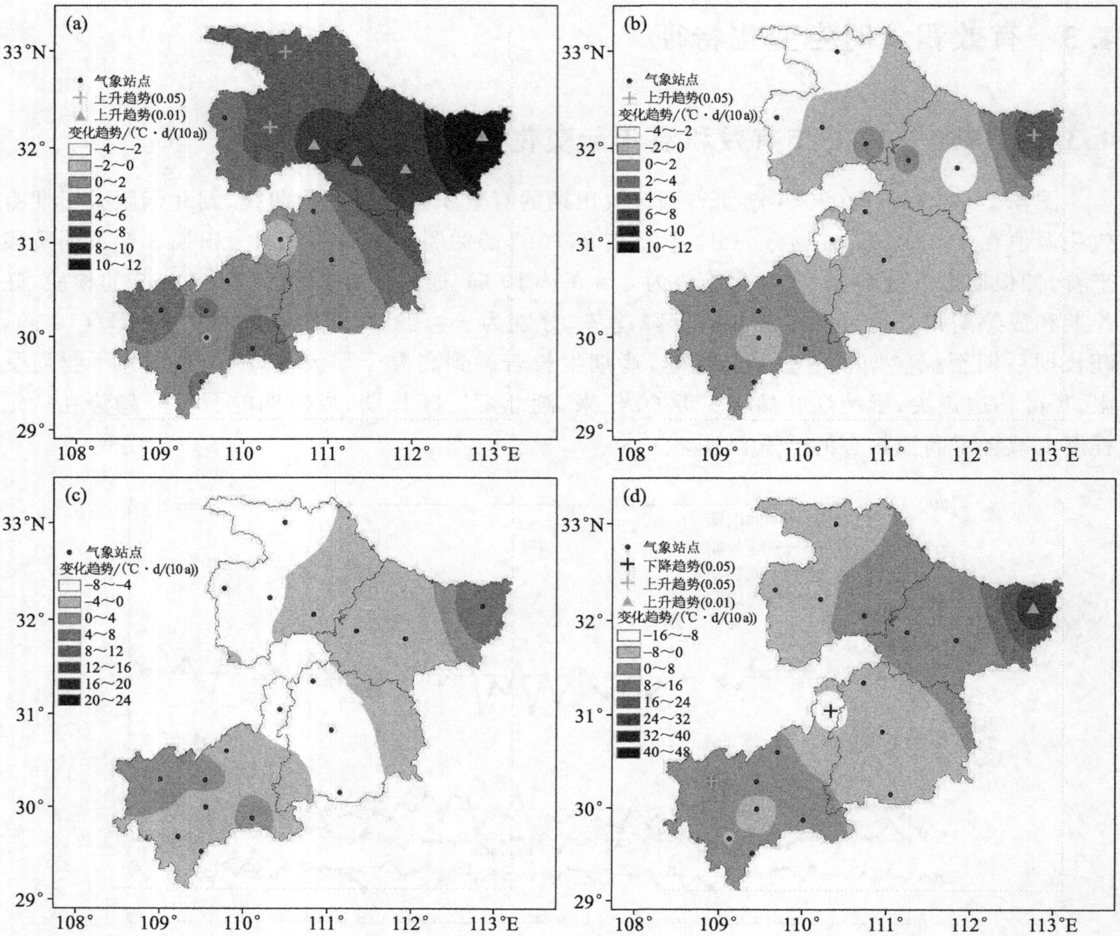

图 4.3　1960—2020 年湖北省烟区大田期有效积温变化空间分布

（黑色“+”表示气候趋势倾向率的下降趋势通过 0.05 的显著性检验，灰色“+”表示气候趋势倾向率的上升趋势通过 0.05 的显著性检验，灰色“▲”表示气候趋势倾向率的上升趋势通过 0.01 的显著性检验）

(a)伸根期；(b)旺长期；(c)成熟期；(d)大田期

4.4　有效积温模拟评估与订正

为了验证这里采用的湖北烟区模式预估数据的可信程度，有必要对历史时期（1960—2014 年）的 EC-Earth3 模式模拟数据进行评估，即与 1960—2014 年湖北烟区实况值进行对比检验，通过计算相关系数 P、平均误差 ME、均方根误差 RMSE 和最大误差 E_{max} 等精度指数，对比湖北烟区 18 个站点逐年、逐月平均气温，以及大田期有效积温的时空分布特征。目前，国内外各气候模式或多或少在物理过程参数化等方面存在误差和初值不确定性等问题，模式值偏差不可避免，因此将计算每个站点的模式与实况的误差率，根据误差公式对模式预测结果逐一订正，提高模式预测的准确率。

4.4.1　年际变化能力的评估与订正

先评估 EC-Earth3 模式对历史时期湖北烟区平均气温气候平均态的模拟能力，检验模式能否很好地再现历史时期湖北省烟区平均气温年际、月际等变化特征。结果显示，1960—2014 年湖北烟区逐月平均气温观测值与模式值之间的相关系数为 0.996，通过 0.01 的显著性检验，历史时期年平均气温观测值与模式值均呈上升趋势，模式值上升速率高于观测值，达到 0.17 ℃/(10 a)，相关系数为 0.39，表明模式值与观测值二者的相关性较好。

评估 1960—2014 年湖北省烟区大田期各阶段有效积温的 EC-Earth3 历史值与观测值，各阶段订正前后的模式值与观测值的皮尔逊相关系数(P)、平均误差(ME)、均方根误差(RMSE)和最大误差(E_{max})列入表 4.3、表 4.4。总的来说，在历史阶段 EC-Earth3 模式时间变化模拟效果较好，大田期各阶段的模式值与观测值的相关系数均为正相关，且在伸根期、整个大田期这两个阶段模拟效果最好，呈显著正相关，通过 0.01 的显著性检验，但大田期各阶段有效积温平均误差均为负值，即 EC-Earth3 模式存在冷偏差。图 4.4 是模式订正前后与观测值有效积温年际变化曲线，可以看到订正后的模式值曲线与观测值明显更接近，除相关系数无变化之外，订正后的各项误差统计指标值也显著减小，说明模式订正方法效果明显。

表 4.3　1960—2014 年湖北省烟区有效积温模式值(订正前)与观测值对比

生育期	P	ME/(℃·d)	RMSE/(℃·d)	E_{max}/(℃·d)
伸根期	0.35**	−108.53	113.04	174.86
旺长期	0.15	−96.68	103.93	190.82
成熟期	0.01	−191.07	201.49	330.93
大田期	0.36**	−396.28	403.21	538.94

注：* 和 ** 分别表示通过 0.05 和 0.01 的显著性检验，下同。

表 4.4　1960—2014 年湖北省烟区有效积温模式订正值(订正后)与观测值对比

生育期	P	ME/(℃·d)	RMSE/(℃·d)	E_{max}/(℃·d)
伸根期	0.35**	0.39	54.15	82.21
旺长期	0.15	−0.69	46.53	112.14
成熟期	0.01	3.76	90.40	190.69
大田期	0.36**	3.47	108.90	217.07

4.4.2　空间分布能力的评估与订正

计算 EC-Earth3 模式在大田期各阶段站点有效积温的模式偏差值，结果显示各站点模式偏差均为负值，即模式值较观测值均偏小。EC-Earth3 模式值在五峰和利川的偏差最小，均为 6%左右，枣阳、南漳、咸丰次之；而在宜昌西北部、巴东、恩施、竹山等地偏差相对较大。经过误差订正后的 EC-Earth3 模式模拟历史时期大田期各阶段有效积温空间分布结果如图 4.5 所示，

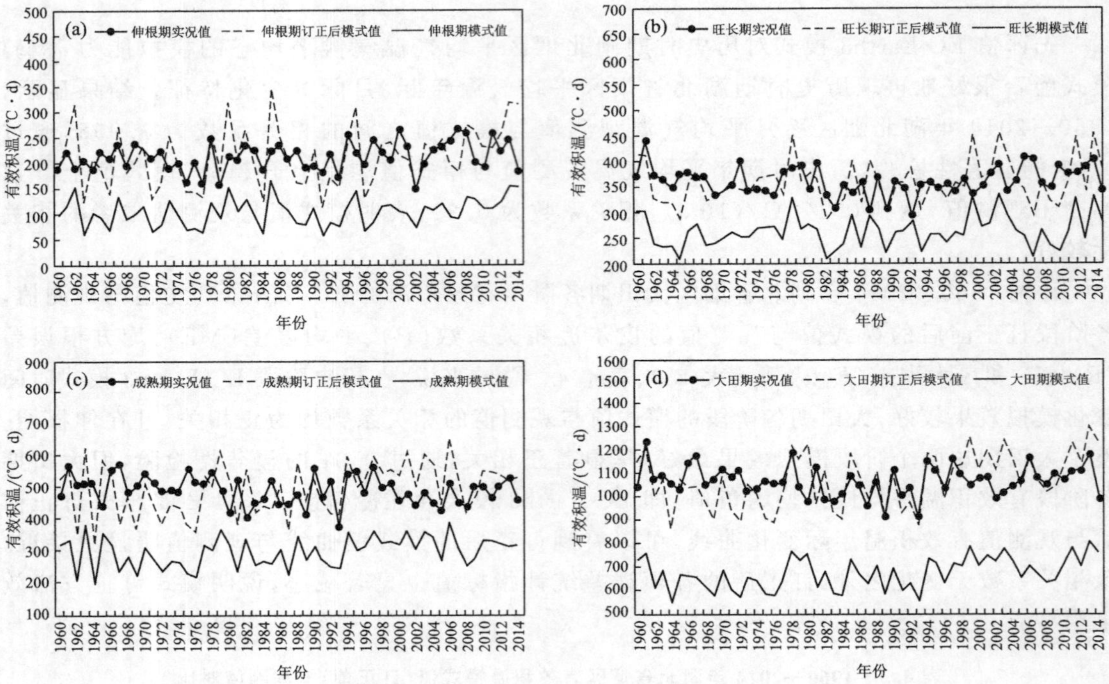

图 4.4　1960—2014 年湖北省烟区大田期有效积温模式值与观测值对比

(a)伸根期;(b)旺长期;(c)成熟期;(d)大田期

1960—2014 年模式订正值的空间分布特征与同时段观测值相似,位于鄂西南烟区北部的巴东、兴山、秭归一带以及鄂西北烟区东部的枣阳是各阶段有效积温的两个高值区,低值区均位于鄂西南烟区西南部的利川、咸丰。故经过模式误差订正处理后,模式能够模拟历史时期观测值的气候态空间分布形态。

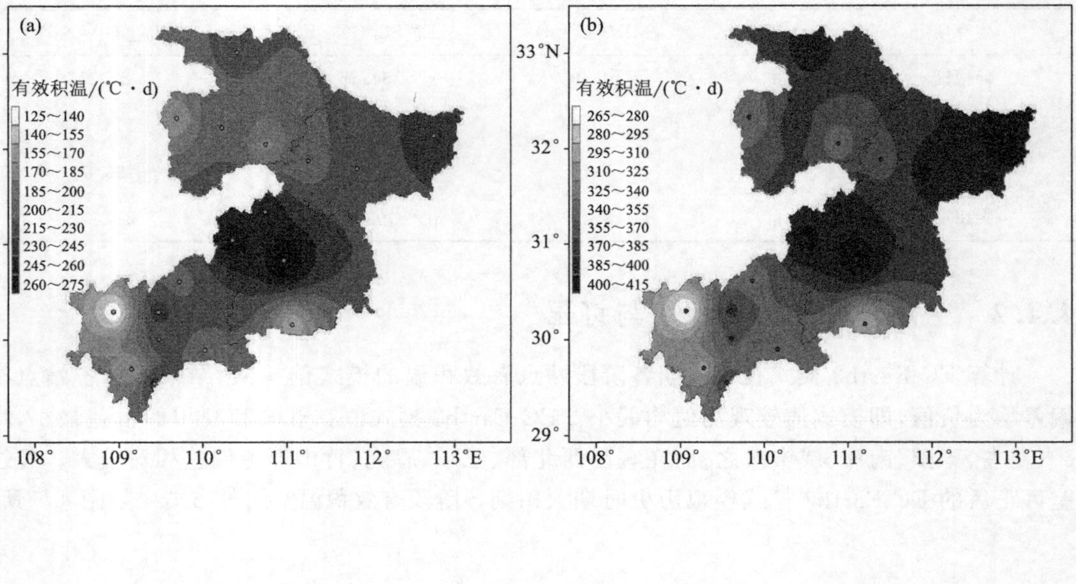

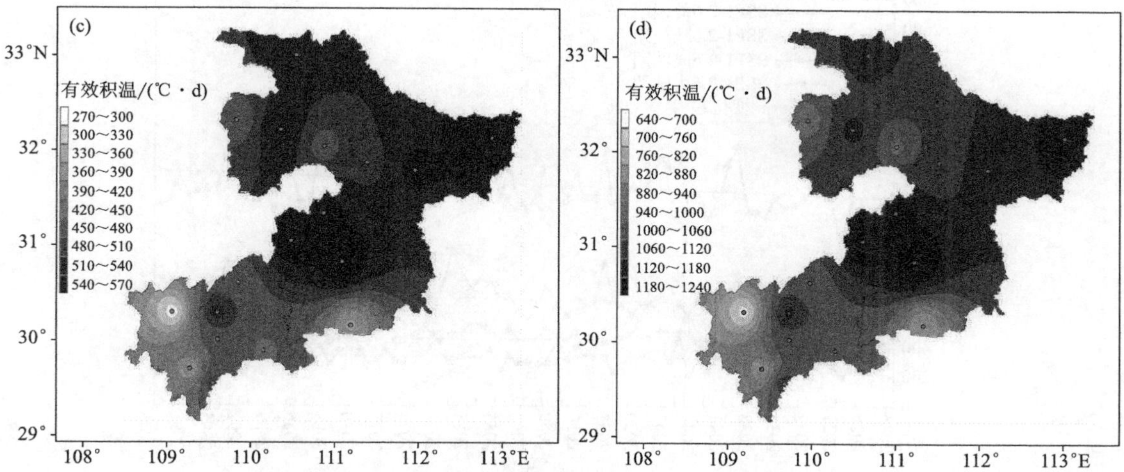

图 4.5　1960—2014 年湖北省烟区大田期有效积温 EC-Earth3 模式订正值空间分布

(a)伸根期；(b)旺长期；(c)成熟期；(d)大田期

4.5　有效积温预估

ScenarioMIP(情景模式比较计划)排放路径的设计分为两步：第一步确定未来全球平均辐射强迫水平，第二步选择每种辐射强迫水平对应的社会经济情景，与 CMIP5 的 RCP 情景相比除考虑了 CO_2 浓度和相应辐射强迫之外，还增加了几种未来特定辐射强迫水平所对应的共享社会经济发展路径(张丽霞 等，2019)。湖北烟区有效积温的未来预估使用了 SSP1-2.6、SSP2-4.5 和 SSP5-8.5 共 3 种强迫情景下订正后的 EC-Earth3 模式数据，分别为低、中等和高强迫情景，可简单理解为 SSP5-8.5 情景下全球气候变暖增幅较大、SSP2-4.5 情景变暖增幅中等、SSP1-2.6 情景增幅较小。

4.5.1　年际变化的未来预估

该时期湖北烟区大田期各阶段有效积温年际变化与历史时期相比变化较大，在 3 种不同情景下，仅 SSP1-2.6 情景下伸根期有效积温表现为不显著的上升趋势，其他情景伸根期、旺长期、成熟期及整个大田期的有效积温均呈显著的上升趋势(图 4.6)。表 4.5 给出了未来 3 种情景下，大田期 3 个阶段以及整个大田期有效积温的气候倾向率，未来时期伸根期和旺长期有效积温变化率较为接近，成熟期的增温率在各情景下均明显高于其他时期，是伸根期和旺长期的 2～3 倍。因此，未来时期湖北烟区大田期各阶段有效积温值的变化速率均较历史时期显著偏高。

4.5.2　空间分布的未来预估

在空间特征上，对于同一生育期来说，3 种情景下的空间分布形态相似，高低值中心落区差异不大，与历史时期大致相同，依旧是巴东、兴山、秭归一带有效积温最高(图 4.7)。但与历史时期相比，枣阳仅在 SSP5-8.5 情景下旺长期仍是湖北烟区有效积温高值区，即未来时期的

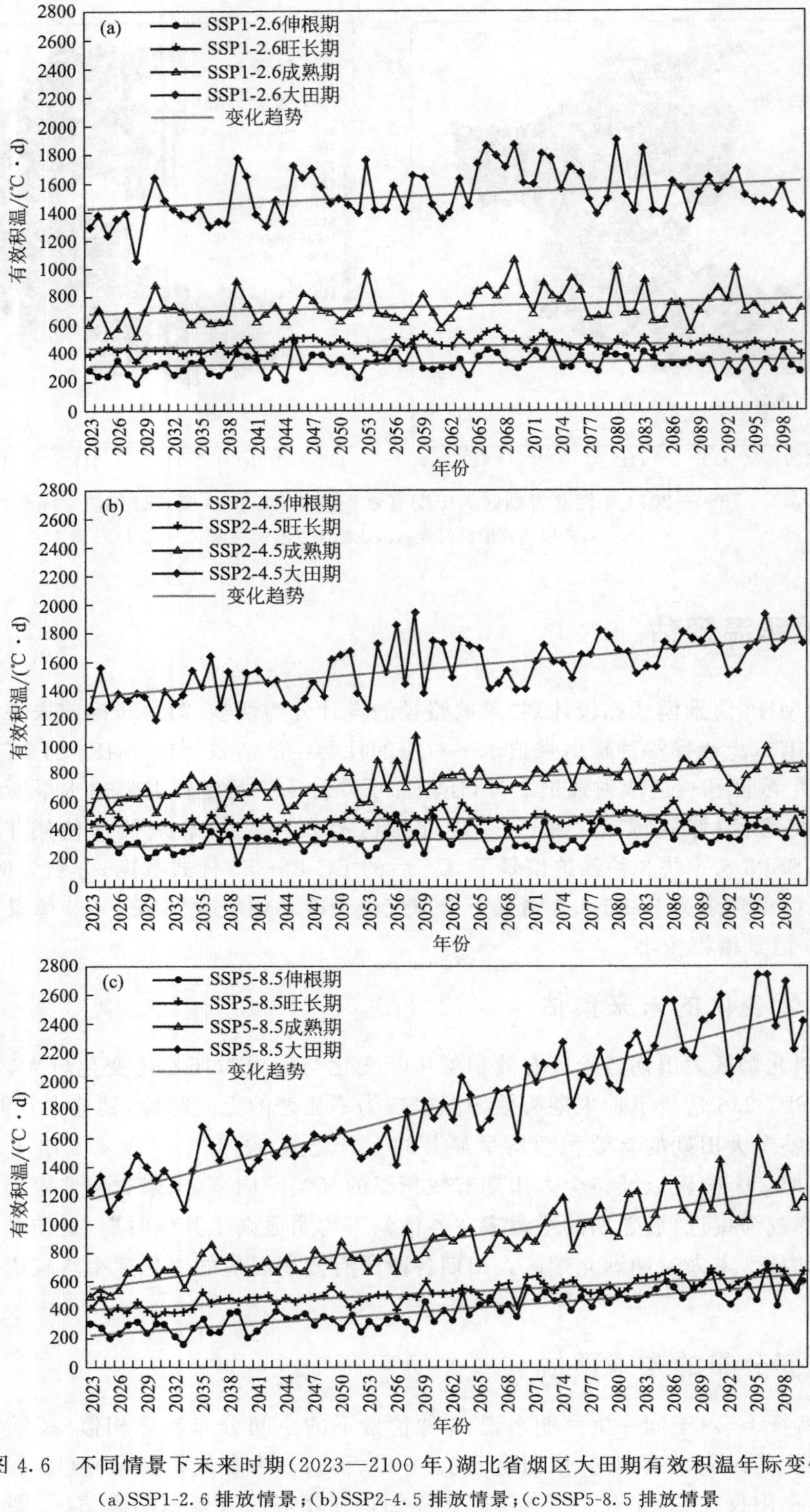

图 4.6 不同情景下未来时期(2023—2100 年)湖北省烟区大田期有效积温年际变化

(a)SSP1-2.6 排放情景;(b)SSP2-4.5 排放情景;(c)SSP5-8.5 排放情景

表 4.5　不同情景下未来时期(2023—2100 年)湖北烟区大田期有效积温变化率

生育期	SSP1-2.6 变化率/(℃/(10 a))	SSP2-4.5 变化率/(℃/(10 a))	SSP5-8.5 变化率/(℃/(10 a))
伸根期	5.45	13.25**	45.96**
旺长期	5.32*	11.32**	31.89**
成熟期	13.19*	29.43**	90.44**
大田期	23.96**	54.00**	168.29**

注：* 和 ** 分别表示通过 0.05 和 0.01 的显著性检验。

枣阳不再为湖北烟区有效积温高值区；从 3 种未来排放情景分析，SSP1-2.6 和 SSP2-4.5 情景下各阶段有效积温空间模态分布相似，各烟区有效积温值差异不大，低强迫情景和中等强迫情景下未来时期湖北烟区有效积温空间分布形态受气候变暖影响较小，而 SSP5-8.5 高强迫情景下有效积温的增幅显著，受气候变暖影响较大。

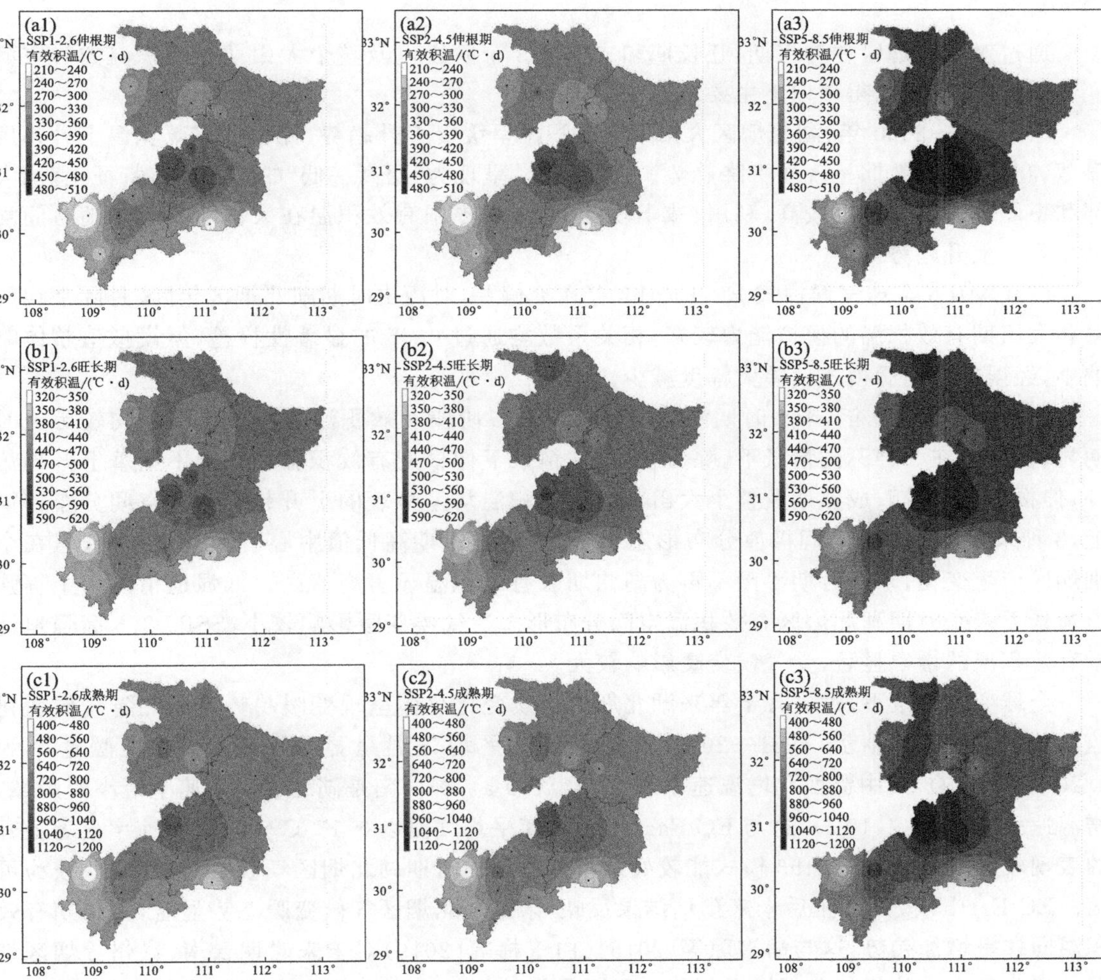

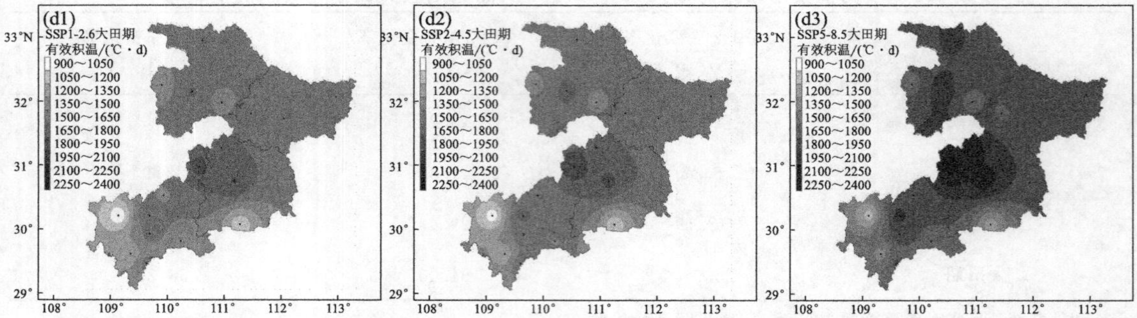

图 4.7　不同情景下未来时期(2023—2100 年)湖北烟区大田期有效积温空间分布
(从上到下 a～d 依次为伸根期、旺长期、成熟期和大田期,从左到右 1～3 依次为 SSP1-2.6、SSP2-4.5 和 SSP5-8.5 排放情景)

4.6　本章小结

通过对湖北烟区在伸根期、旺长期和成熟期 3 个阶段以及整个大田期有效积温的时空演变特征的统计分析,得出以下主要结论。

(1)1960—2020 年,湖北烟区大田期有效积温呈缓慢上升趋势,伸根期有效积温上升幅度显著,旺长期、成熟期呈现弱下降趋势。在空间上,呈现为“两高一低”的空间分布特征,宜昌大部和枣阳等地有效积温较高,利川、咸丰较低。五峰、枣阳有效积温在大田期各阶段随时间均呈显著的上升趋势。

(2)CMIP6 全球气候模式 EC-Earth3 存在冷偏差,对历史时期湖北烟区年际、月际平均气温和大田期有效积温的模拟能力较好,相关系数均通过 0.05 的显著性检验,但模拟值整体略偏小,经误差订正后模式偏差大幅度减少。

(3)2023—2100 年,未来时期湖北烟区大田期各阶段有效积温值的变化速率均较历史时期显著偏高,在 3 种不同情景下,除 SSP1-2.6 情景下伸根期有效积温表现为不显著上升趋势外,伸根期、旺长期、成熟期及整个大田期的有效积温均呈显著的上升趋势。在空间分布特征上,3 种未来情景下的空间极值分布形态相似,与历史时期高低值中心落区大致相同,但在个别烟区产生变化,未来时期枣阳不再为湖北烟区有效积温显著高值区。低强迫情景和中等强迫情景下未来时期湖北烟区有效积温空间分布形态受气候变暖影响较小,SSP5-8.5 高强迫情景有效积温的增幅显著,受气候变暖影响较大。

全球变暖背景下,过去几十年来湖北烟区气候变化总体呈现变暖趋势,《湖北省气候变化监测公报(2021)》显示,1961—2021 年湖北省年平均气温呈显著上升趋势,增暖速率为 0.20 ℃/(10 a),其中鄂西北增温速率 0.15 ℃/(10 a),鄂西南是湖北省增温速率最小的区域,增温速率 0.12 ℃/(10 a),这与 EC-Earth3 模式年平均气温以 0.17 ℃/(10 a)的速率显著上升的表现较为一致,EC-Earth3 模式能较好地模拟出历史时期湖北烟区气候变暖的幅度,较为可信。EC-Earth3 模式订正后未来预估结果反映,未来湖北烟区气候变暖态势显著,大田期有效积温同样呈增加趋势,这与胡雪琼等(2016)、白玉梅等(2019)对未来时期云南、贵州等烟区气温具有明显上升趋势的分析结果相似。积温是烟叶生长发育和稳定高产的重要条件,气温的升高在一定程度上可以促进光合作用和正常生长，创造适宜烟叶生长的大田中后期热量条件，缩短烟叶大田期周期，降低烟叶生产可能遇到的风险。受气候变化和人类活动影响，未来湖北烟叶大田期有效积温空间分布有所变化，有效积温值变化较大的烟区应注意大田期可用日数的改变，合理调整好烟叶各生产阶段的时间和计划，如未来时期巴东、秭归、兴山等鄂西南北部烟叶大田期有效积温较大，应注意高温热害的可能影响；枣阳有效积温值增幅放缓，应当注意防范低温冻害的负面影响。在 SSP5-8.5 高强迫情景下，有效积温增长过高，应当注意防范高温热害。

虽然目前的全球气候模式较以往的耦合比较阶段有了进一步的提升，但由于气候系统的复杂性，全球气候模式仍无法覆盖全部影响因素，对未来气候情景的模拟效果不可避免地存在一定的不确定性，模拟结果仍存在一定偏差，今后可用更多分辨率更高的 CMIP6 全球气候模式对比分析，降低研究结果的不确定性。

第 5 章　湖北省雪茄烟叶气象灾害风险评估与区划

气象灾害属于常见的自然灾害，包括低温冷害、暴雨洪涝、高温干旱、雷暴大风、热带气旋等 20 余种灾害天气（李迪 等，2023）。近年来全球气候不断出现异常，极端天气事件频繁发生，灾害带来的损失急剧增加。许多国内外学者相继开展了气象灾害风险评估与区划的研究，其研究热点多为城市灾害、地质灾害、海洋灾害、水文灾害等（王春乙 等，2015；Shaw et al.，2013；Ngigi et al.，2005），而我国作为农业大国，更侧重于农业灾害风险评估（杜鹏 等，1995，1997）。农业灾害风险评估是指对农业生产过程中可能发生的各种风险和灾害进行系统分析和评估，是农业防灾减灾的重要手段。目前，国内外学者大多数认同灾害风险系统由致灾因子、孕灾环境和承灾体 3 个部分组成（王祥 等，2020；史培军，1991，2002，2005；张继权 等，2006，2007，2012）。我国农业气象灾害风险评估实例众多，研究区域和内容均有不同，研究的农作物大多为水稻、小麦、玉米等粮食作物（李祎君 等，2022；侯奇奇 等，2021；段连波，2019）。中国主要烟区如四川、湖北、云南、海南等均开展了雪茄烟叶种植气候分析以及适宜性、种植区划的研究，所得成果能为雪茄烟叶生产气象服务提供合理依据。但针对烟区气象灾害风险区划研究较少，且大多为其他烟种灾种的研究，缺乏一套系统的、符合生产实际的针对雪茄烟叶的气象灾害指标（林北森 等，2023；王秀珍 等，2020；陈家金 等，2016；谈丰 等，2014；李蒙 等，2012）。

湖北作为我国四大雪茄烟叶种植区之一，是“国产雪茄烟叶开发与应用”重大专项的牵头者，主要在丹江口市、枣阳市、来凤县、五峰县开展雪茄烟叶试种、示范及规范化生产。因此，本章以湖北丹江口市、枣阳市、来凤县、五峰县雪茄烟叶为研究对象，通过对以上 4 个雪茄烟叶种植区进行田间调查及与专家、烟农访谈，结合气象灾害观测资料，利用气象统计数据和社会经济数据，基于灾害风险系统构建湖北雪茄烟叶农业气象灾害风险评估模型，为湖北雪茄烟叶生产合理布局、雪茄烟叶防灾减灾提供科学依据。

5.1　研究数据

（1）气象再分析数据，包括 2009—2020 年精细化大气实况分析产品（CARAS）的气温、降水、相对湿度等要素，以及由中国气象局陆面数据同化系统产品（CLDAS）太阳辐射数据反演得到的日照时数数据，时间分辨率是 1 d，空间分辨率是 $0.01^{\circ}\times0.01^{\circ}$。

（2）雪茄烟叶相关数据，包括 2020—2022 年湖北省雪茄烟叶种植区各县（区）雪茄烟叶总产量、单产量及地区生产总值，来自湖北省统计局。

（3）基础地理信息数据，包括湖北省雪茄烟叶种植区底图及 1∶25 万 DEM 地形数据（分辨率：30 m×30 m），下载自地理空间数据云。

5.2 研究方法

5.2.1 数据无量纲化

归一化处理能消除各指标的量纲与数量级之间的差异，将数据映射到 0～1 范围，采用下式计算：

$$G_i = \frac{A_i - \min_i}{\max_i - \min_i} \tag{5.1}$$

式中：G_i 为第 i 个指标的归一化值；A_i 为第 i 个指标值；$\max_i$ 和 $\min_i$ 分别代表第 i 个指标值中的最大值和最小值。

5.2.2 灾害风险指数法

区域自然灾害风险形成过程中，致灾因子危险性、孕灾环境敏感性、承灾体易损性和防灾减灾能力是缺一不可的，是四者综合作用的结果。下面通过分析影响湖北省雪茄烟叶种植区的气象灾害，从致灾因子危险性、孕灾环境敏感性、承灾体易损性和湖北省雪茄烟叶种植区的防灾减灾能力四方面构建灾害风险指数，即

灾害风险指数＝f(致灾因子危险性，孕灾环境敏感性，承灾体易损性，防灾减灾能力)　(5.2)

5.2.3 指标权重确定方法

综合应用层次分析法、熵权系数法确定风险区划指标权重。

层次分析法是一种对指标进行定性定量分析的方法。主要步骤有：①构建风险区划指标体系；②邀请不同领域专家，按照 1～9 比例标度法进行打分，对所选指标进行重要性比较；③构建判断矩阵；④层次单排序及一致性检验；⑤层次总排序及组合一致性检验；⑥确定各指标的权重(ω_i)。

熵权系数法是一种基于分析各评估指标特征值之间变异程度的客观赋权方法。主要步骤有：①构建区划指标特征值矩阵；②对特征值进行标准化处理，使其值处于 0～1，以消除量纲的影响；③计算区划指标特征值比重；④计算区划指标的熵权(a_i)。

将上述 2 种方法确定的主观权重和客观权重相融合得出主客观综合权重值，作为风险评估指标权重值(σ_i)。

$$\sigma_i = \frac{a_i \omega_i}{\sum_{i=1}^{m} (a_i \omega_i)} \tag{5.3}$$

式中：i 为评估指标；m 为评估指标个数；a_i 为第 i 个指标熵权；ω_i 为第 i 个指标层次分析法权重。

5.2.4 风险指数计算方法

采用加权综合评估法计算风险指数。该方法依据评估指标对评估总目标影响的重要程度，预先分配一个相应的权重系数，然后与相应的被评估对象各指标的特征量化值相乘后再相加。计算式为

$$\lambda_i = \sum_{i=1}^{m} (\sigma_i P_{ij}) \tag{5.4}$$

式中：λ_i 为某评估单元的风险指数值；i 为评估指标个数；j 为评估单元数；m 为评估指标个数；σ_i 为第 i 项指标的综合权重系数；P_{ij} 为每个指标 i 在评估单元 j 出现的特征值比重。

5.2.5 GIS 空间数据分析

运用 ArcGIS10.4 软件进行精细化灾害风险评估，结合 DEM 地形数据和灾害风险指标，采用反距离加权插值法（IDW）、自然断点分级法等，进行湖北省雪茄烟叶种植区气象灾害风险评估与区划。

5.3 风险评估模型

5.3.1 湖北省雪茄烟叶种植区气象灾害风险评估模型构建

农业气象灾害风险往往是多因子综合影响的结果，基于灾害风险理论，设定 4 个评估因子对湖北省 4 个雪茄烟叶种植区（丹江口烟区、枣阳烟区、五峰烟区和来凤烟区）气象灾害风险进行综合评估，构建如下模型：

$$I = w_h \times H + w_e \times E + w_v \times V + w_c \times (1 - C) \tag{5.5}$$

式中：I 为湖北省雪茄烟叶种植区气象灾害综合风险指数，表示灾害风险程度；H 为致灾因子危险性；E 为孕灾环境敏感性；V 为承灾体易损性；C 为防灾减灾能力；w_h、w_e、w_v、w_c 分别为评估因子 H、E、V、C 的权重。防灾减灾能力与其他指标不同，该指标与灾害风险呈反比。

以上 4 个因子均进行归一化处理，考虑到各风险评估因子在风险评估中的作用不同，运用层次分析法和熵权系数法确定各评估因子权重（w_h、w_e、w_v、w_c），分别为 0.4、0.3、0.2、0.1，代表各评估因子对灾害的影响程度。

湖北省雪茄烟叶种植区气象灾害是各因子综合作用的结果，各因子在灾害风险模型中的作用各不相同，运用层次分析法和熵权系数法进行各因子权重的确定，基本具有合理性，但后续仍需根据实际情况进行改进。图 5.1 显示确定的各因子、指标的权重。

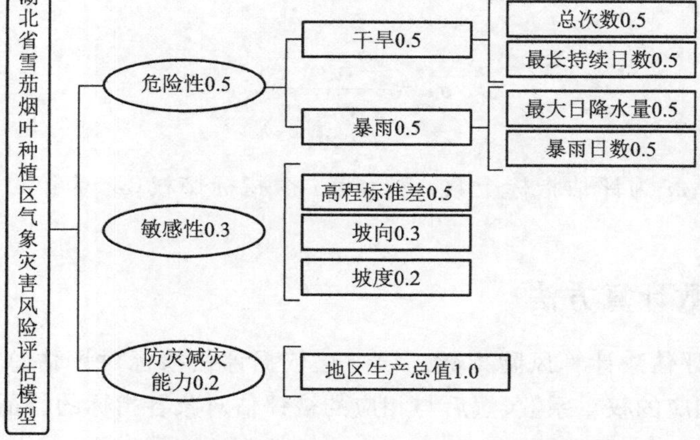

图 5.1 湖北省雪茄烟叶种植区气象灾害风险指标权重分布

5.3.2 致灾因子危险性指标

灾害产生的首要条件是具有致灾因子，通过对湖北省雪茄烟叶生产调查及与专家、烟农访谈，了解到湖北省雪茄烟叶主要的气象灾害有旱灾、洪灾、冷灾、风灾等。结合现有气象观测数据及灾害资料，选取干旱和暴雨作为危险性因子开展湖北省雪茄烟叶气象灾害研究。

大田期降水量对雪茄烟叶产量和质量的提高十分关键，移栽伸根时期，雪茄烟叶需保证足够的水分、光照用于成活还苗；旺长期是雪茄烟叶旺盛生长的时期，对水分最为敏感，保证充足的雨量有利于后期干物质的积累；成熟期所需水分有所减少，该时期主要为雪茄烟叶干物质合成、积累过程。定义雪茄烟叶干旱指标：单站在某时段的第一日和最后一日均无有效降水（日降水量＜0.1 mm），期间连续15 d及以上无有效降水，过程允许出现1 d降水量＜5 mm的中断，当日计入持续日数。分别统计各站逐年大田期（4月25日—8月31日）发生干旱的次数和最长持续日数，作为雪茄烟叶干旱灾害的影响因子。

暴雨对雪茄烟叶的生长也会产生不利影响。暴雨导致土壤过度湿润，可能导致雪茄烟叶根系受到影响，烟叶腐烂或发霉。定义雪茄烟叶暴雨指标：日降水量≥50 mm。分别统计各站逐年大田期发生暴雨的最大日降水量和暴雨日数，作为雪茄烟叶暴雨灾害的影响因子。

选取雪茄烟叶大田期干旱和暴雨作为致灾因子危险性的评估指标，并赋予各指标不同权重，如式(5.6)所示：

$$H = 0.5H_1 + 0.5H_2 \tag{5.6}$$

式中：H 为致灾因子危险性；H_1 为干旱；H_2 为暴雨。其中，H_1 中总次数和最长持续日数分别赋予0.5的权重，H_2 中最大日降水量和暴雨日数分别赋予0.5的权重。

对干旱、暴雨的分布图层分别进行归一化处理，按照式(5.6)的权重对图层进行叠加，借助ArcGIS平台进行定区间处理，得到湖北省雪茄烟叶种植区致灾因子危险性指数分布图。由图5.2可知，4个雪茄烟叶种植区的致灾因子危险性不同，危险性最高的是枣阳烟区，其次是来凤烟区，两者受干旱或暴雨灾害的影响较大，需及时注意天气情况，适时进行人工浇灌或泄洪；五峰烟区和丹江口烟区分别处于清江流域和长江流域，受干旱或暴雨灾害的影响较小，其致灾因子危险性程度较低。

5.3.3 孕灾环境敏感性指标

当某区域处于气象灾害胁迫时，外部环境对该灾害的敏感程度即孕灾环境敏感性。相同气象灾害强度下，孕灾环境敏感性越大，该区域气象灾害风险性越高，所造成的损失也越大。从气象灾害形成的机理和产生的原因进行分析，孕灾环境敏感性受地貌、地形、水系、植被等因素影响，各因素具有互相减弱或增强的作用。高程标准差是衡量地形起伏程度的一个指标，数值越大表示地形波动变化程度越大。湖北省雪茄烟叶种植区地处山区，多样的地形地势导致温度再分配，温度的空间差异较大，同样的降水量在地势不同的地区影响也是不同的。坡向是某点高程改变量最大的方向，导致不同区域的太阳辐射量重分配，是影响山地地形光照、降雨的重要因子之一，也是直接影响诸如雪茄烟叶等作物生长适宜度的重要因素。南坡或西南坡最暖和，北坡或东北坡最寒冷，即使处于同一海拔高度，极端温度差可达3～4 ℃。坡度会影响农业种植的土壤养分、土层含水量等指标，研究表明坡度大于25°时水土易流失，肥力水平不

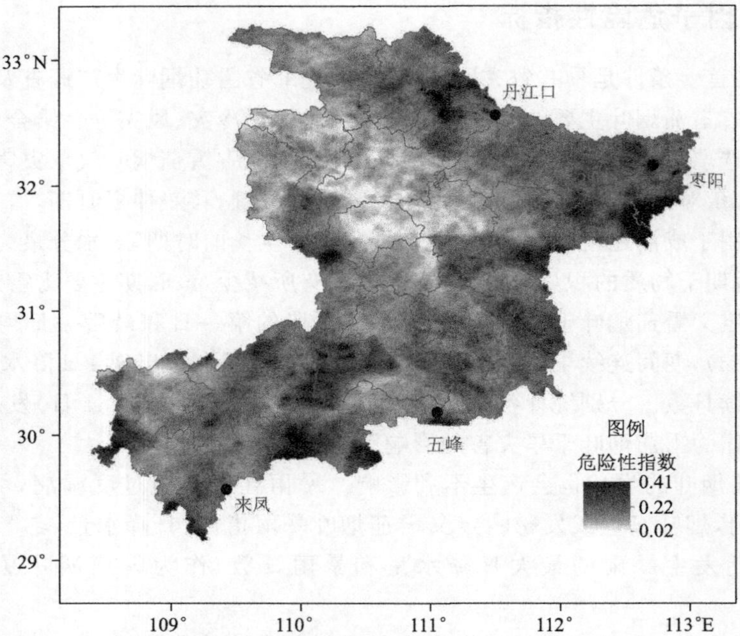

图 5.2　湖北省雪茄烟叶种植区致灾因子危险性指数分布

均，不利于雪茄烟叶生长；而坡度过小的低洼或平原地区水分易聚集，造成水肥过剩，相比之下坡度为 18°左右的缓坡最适合于雪茄烟叶生长。因此，选取高程标准差、坡向和坡度作为孕灾环境敏感性的评估指标，并赋予各指标不同权重，如式(5.7)所示：

$$E = 0.5E_1 + 0.3E_2 + 0.2E_3 \tag{5.7}$$

式中：E 为孕灾环境敏感性；E_1 为高程标准差；E_2 为坡向；E_3 为坡度。

邻域高程标准差以 DEM 数据为基础，使用 ArcMAP 的空间分析模块的邻域分析块统计函数(Spatia analyst-Neighborhood-Block statistics-Standard Deviation)进行计算，按照指定的 5×5 栅格标注计算每个栅格周围邻域内 25 个栅格高程的标准差，覆盖面积为 22500 m^2。高程标准差越大，地形波动越大，表明该区域受气象灾害可能性越大。

对于坡度，借助 ArcGIS 平台，基于 DEM 数据，执行命令 3D analyst 工具—栅格表面—坡度，提取湖北省雪茄烟叶种植区坡度数据。将坡度按≤2°、2°～6°、6°～15°、15°～25°、＞25°划分为 5 个等级，并赋予各等级影响度值(表 5.1)。

对于坡向，借助 ArcGIS 平台，基于 DEM 数据，执行命令 3D analyst 工具—栅格表面—坡向，提取湖北省雪茄烟叶种植区坡向数据。以顺时针方向为基准，定义正北坡向为 0°，正南坡向为 180°，取值范围为 0°～360°，相应的影响度值定义如表 5.1 所示。

对高程标准差、坡向、坡度分布图层分别进行归一化处理，按照式(5.7)的权重对图层进行叠加，借助 ArcGIS 平台进行定区间处理，得到湖北省雪茄烟叶种植区孕灾环境敏感性指数分布图(图 5.3)。由图 5.3 可知，湖北省雪茄烟叶种植区孕灾环境敏感性总体呈现南高北低。敏感性中值、高值区(0.45～0.96)主要位于湖北省南部的来凤烟区和五峰烟区，地形起伏较大；北部的丹江口烟区和枣阳烟区属于低敏感区(0.11～0.30)，其地形起伏较小，具有调节缓冲作用。

表 5.1　坡度和坡向的影响度值

形态类型	坡度/°	影响度值 E_3	坡向	影响度值 E_2
平地	≤2	0.9		
较缓坡	2～6	0.8		
缓坡	6～15	0.7	θ	$E_2=\left\|\cos\frac{\theta}{2}\right\|$
较陡坡	15～25	0.6		
陡坡	>25	0.5		

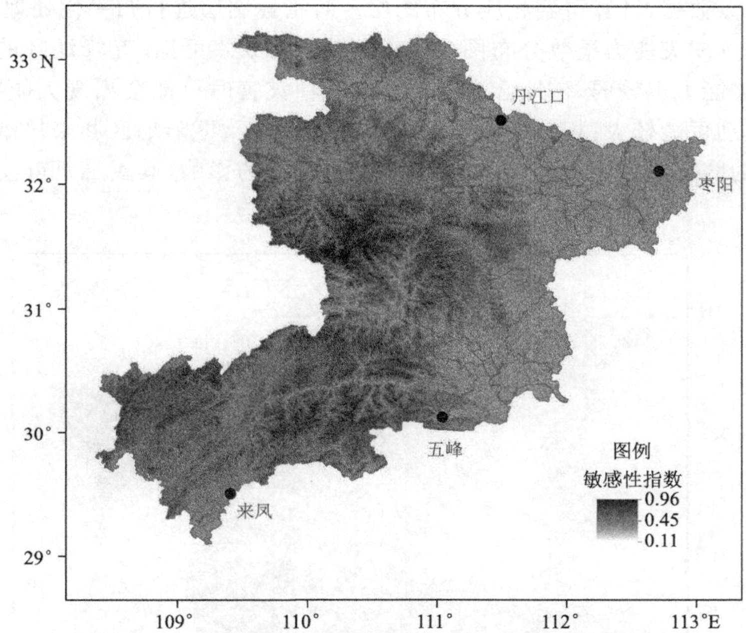

图 5.3　湖北省雪茄烟叶种植区孕灾环境敏感性指数分布

5.3.4　承灾体易损性指标

雪茄烟叶气象灾害的程度不仅与自然环境有关，承灾体易损性也是一个重要影响因子。目前国内外研究尚无统一的易损性指标，从社会属性角度出发大部分学者选取雪茄烟叶气象产量标准差和雪茄烟叶种植面积比作为易损性指标，表示在不同强度气象灾害下雪茄烟叶生产的损失程度。雪茄烟叶种植面积占全市(县)面积比例越大，受灾易损范围越大，产生灾害的风险越大。气象产量标准差反映了当地雪茄烟叶产量的波动，波动越大表明当地雪茄烟叶受灾易损程度越高。

我国雪茄原料的供应基本以国外进口为主，国内的雪茄烟叶种植仍属于起步阶段。目前，湖北的 4 个雪茄烟叶种植区域经过 3 a 的试种取得了一定成效，但由于种植区域较少以及数据样本的不足，处理气象产量标准差后所得的湖北省雪茄烟叶种植区承灾体易损性无对比性，即雪茄烟叶未种植区域的种植面积为 0，其易损性也为 0；而雪茄烟叶种植区域的面积占全市(县)面积较高，其易损性较高。因此，该指数并无统计学意义，下面暂不讨论承灾体易损性指标。

5.3.5 防灾减灾能力指标

危险性、敏感性、易损性仅仅是从灾害的发生和影响视角讨论灾害风险，灾害发生时人的主观能动性和防灾减灾措施也是重要因素。防灾减灾能力反映了当地抵御灾害的能力，选取湖北省雪茄烟叶种植区的地区生产总值作为防灾减灾能力指标。

地区生产总值代表着当地经济水平，能表示各地抗灾性能，如防护措施、种植技术、灌溉机械水平等。地区生产总值与防灾减灾能力呈正比。

在 ArcGIS 中使用 join 功能将地区生产总值通过各县(区)名称字段与图层进行关联，将统计数据转为格点数据，计算得到相应分布图层。对指标图层进行归一化处理，得到湖北省雪茄烟叶种植区防灾减灾能力指数分布图(图 5.4)。由图 5.4 可知，五峰烟区的地区生产总值较低，其防灾减灾能力也较弱，该地区遭受单一或多种灾害时可能会出现大幅减产，其雪茄烟叶生产量年际波动可能较大；相较于五峰烟区，丹江口烟区、枣阳烟区和来凤烟区的地区生产总值较高，三者的防灾减灾能力也较高，更不易受到灾害的影响，其雪茄烟叶生产量年际波动可能较小。

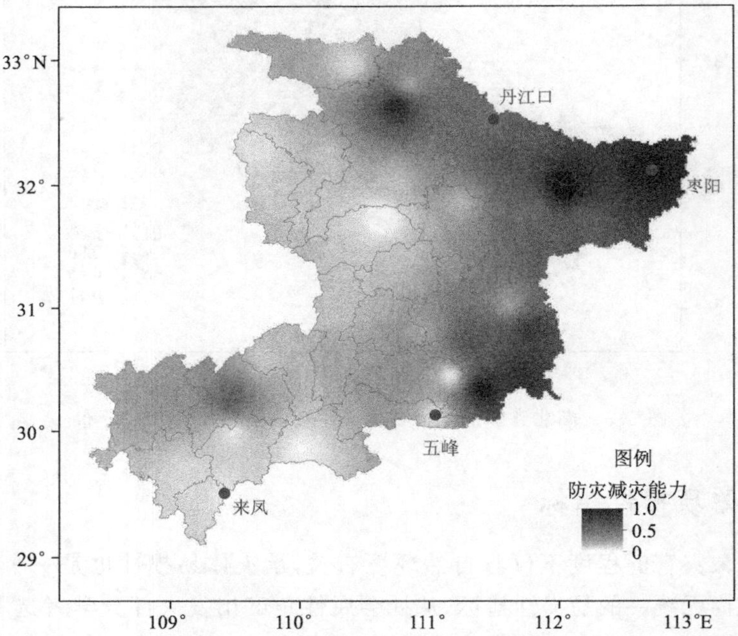

图 5.4 湖北省雪茄烟叶种植区防灾减灾能力指数分布

5.4 湖北省雪茄烟叶种植区气象灾害风险区划

综合湖北省雪茄烟叶种植区气象灾害的危险性、敏感性、易损性和防灾减灾能力 4 个风险评估因子，运用构建的雪茄烟叶气象灾害风险评估模型进行区域划分，在 ArcGIS 平台利用自然断点分级法将雪茄烟叶气象灾害风险划分为 5 个等级，得到湖北省雪茄烟叶种植区气象灾害风险区划(图 5.5)。由图 5.5 可知，湖北省雪茄烟叶气象灾害风险分布呈南高北低的趋势。

丹江口烟区和枣阳烟区为低风险区，其农业气候资源能充分满足雪茄烟叶生长，是优质的雪茄烟叶产地。五峰烟区和来凤烟区则属于次高风险区，五峰烟区受地区生产总值和地形的影响，其孕灾环境敏感性相对较高、防灾减灾能力相对较弱；来凤烟区的地形较为起伏，更易受致灾因子的影响。

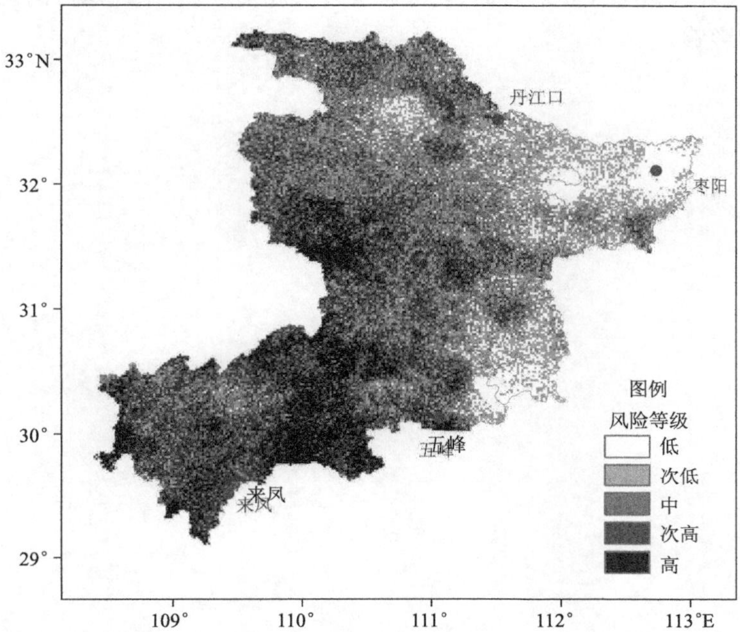

图 5.5　湖北省雪茄烟叶种植区气象灾害风险区划

5.5　本章小结

本章针对湖北省雪茄烟叶气象灾害风险评估的不足，提出了基于灾害风险理论的雪茄烟叶气象灾害风险评估模型，结合统计学方法、灾害风险评估法，分析致灾因子危险性、孕灾环境敏感性、承灾体易损性以及防灾减灾能力 4 个指标，进行气象灾害风险评估与区划，主要结论如下。

(1)受干旱或暴雨灾害影响较大的是枣阳烟区和来凤烟区，需及时注意天气情况，适时进行人工浇灌或泄洪；五峰烟区和丹江口烟区分别处于清江流域和长江流域，受干旱或暴雨灾害的影响较小，其致灾因子危险性程度较低。

(2)来凤烟区和五峰烟区为敏感性中值、高值区，受环境变化影响较大；丹江口烟区和枣阳烟区属于低敏感区，其地形起伏较小，具有调节缓冲作用。

(3)由于种植区域较少以及数据样本的不足，处理气象产量标准差后所得的湖北省雪茄烟叶种植区承灾体易损性无对比性。即雪茄烟叶未种植区域的种植面积为 0，其易损性也为 0；而雪茄烟叶种植区域的面积占全市(县)面积较高，其易损性较高。因此，该指数并无统计学意义，本章暂不讨论承灾体易损性指标。

(4)五峰烟区的地区生产总值较低，其防灾减灾能力较弱；相较于五峰烟区，丹江口烟区、枣阳烟区和来凤烟区的地区生产总值较高，三者的防灾减灾能力也较高，更不易受到灾害的影响。

(5)丹江口烟区和枣阳烟区为低风险区，其农业气候资源能充分满足雪茄烟叶生长，是优质的雪茄烟叶产地。五峰烟区和来凤烟区则属于次高风险区，五峰烟区受地区生产总值和地形的影响，其孕灾环境敏感性相对较高、防灾减灾能力相对较弱；来凤烟区的地形较为起伏，更易受致灾因子的影响。

第 6 章　低温阴雨分布特征及其对烟叶影响

烟叶质量或品质是一个综合性概念，包括化学成分、物理特性等诸多方面，受到生态、遗传等共同调控（中国农业科学院烟草研究所，2005）。研究表明，烤烟对环境感应较敏感，烟区生态环境直接决定了当地烤烟的风格特征和烟叶品质（王跃能 等，2018；李仁山 等，2007），气候、土壤和地形作为生态环境的主要因素，直接影响烤烟的生长和品质（刘国顺，2017）。其中，日照、降水、温度等对各化学成分含量影响更加显著（时鹏 等，2012）。国内烤烟的研究集中于气象因子对烤烟生长和品质的影响。文建川等（2019）、陈静（2013）的研究表明，云南烟区气候因子与烟叶化学成分关系密切，气温、降水量及日照时数与烟叶主要化学成分具有显著相关性。刘冰等（2019）通过分析江西省烤烟香气成分特征的区域差异及与气象因子的关系发现，烤烟其各类异构体含量及总量与大田中后期的温度、光照及降水等气象因子的关联度较大，尤其是成熟期的均温。姬兴杰等（2017）等研究分析河南烟区烤烟主要气候特征和中部叶化学成分状况以及二者之间的关系，发现温热因素对化学成分的影响程度最大，水湿因素次之、光照因素最小。

低温、连阴雨作为主要气象灾害，会对农作物造成较大影响（杜明哲 等，2021；赵碧云 等，2019）。烟叶品质也频繁受到气象灾害影响（王彦亭 等，2010），其中低温、连阴雨直接影响烤烟的生长发育，进一步影响烤烟的品质。烟草苗期低温会促进花芽分化起始时间提前（王楠，2019）；生育期间短暂气温骤降，会出现光抑制现象，造成产量和品质下降；日照时数减少且光强不足则会导致烟草叶片薄、重量轻、烟株生长减慢且植株矮小（谢幽兰，2018）。此外，烟草根系的发育还会受到土壤水分的影响。

鄂西烟区是重要的烤烟产地（王彦亭 等，2010；肖协忠，1997），鄂西烟区气象灾害呈现种类多、频率高、分布广等特点。目前，鄂西烟区低温冷害、连阴雨的灾害分布特征及其对烤烟化学成分和产量的影响少有研究，本章依据鄂西 16 个产烟县（按行政区划分为恩施州、宜昌市、十堰市和襄阳市 4 个地区）的主要气象、烤烟化学成分和亩产量数据，分析鄂西烟区烤烟低温冷害、连阴雨灾害特征及其对烤烟化学成分和亩产量的影响，为烤烟合理布局、防灾减灾提供科学依据，对烤烟气象服务的开展具有十分重要的现实意义。

6.1　研究数据

鄂西地形复杂，气候条件差异较大，因此造成烟区烤烟生育期时间的差异，依据烤烟农业气象实验站的生育期观测资料，并参考各烟区的移栽时间和终烤时间，确定鄂西各烟区的生育阶段，见表 6.1。鄂西南烟区（站点）包括巴东、恩施、鹤峰、来凤、利川、咸丰、宣恩、建始、兴山、秭归，鄂西北烟区（站点）包括房县、郧西、竹山、竹溪、保康、南漳。2010—2019 年烤烟亩产量数据来源于历年湖北省农业年鉴。

表 6.1 鄂西各烟区的生育阶段

伸根—团棵期	旺长期	成熟期	大田期
5月1日—31日	6月11日—7月11日	7月21日—9月15日	5月1日—9月15日
4月25日—5月25日	6月5日—7月5日	7月15日—9月9日	4月25日—9月9日

本章所用数据来自湖北西部共16个地面气象台站1991—2020年的逐日降水量、气温、日照时数资料，所有站点均属于国家基准站和基本站，包括逐日降水量(mm)、平均气温(℃)、最高气温(℃)、最低气温(℃)、日照时数(h)以及相对湿度(%)等。基于以上这些要素计算了不同生育时段(伸根期、旺长期、成熟期和大田期)与烤烟生长密切相关的气候因子，主要的气候要素包括≥10 ℃活动积温(AT_{10}，℃·d，日平均气温≥10 ℃的和)、日平均气温≥20 ℃日数(N_{20}，d)、平均气温(T_{ave}，℃)、气温日较差(DTR，℃，最高气温和最低气温差值)、高温天数(N_{35}，d，日最高气温≥35 ℃的天数)、年均降水量(AAR，mm)、降雨日数(Rd，d，日降水量≥0.1 mm的天数)、相对湿度(RH，%)、日照时数(SH，h)。气象站点覆盖鄂西16个地区，具体烟区和对应的站点包括恩施州(巴东、恩施、鹤峰、建始、来凤、利川、咸丰、宣恩)、宜昌市(兴山、秭归)、十堰市(房县、郧西、竹山、竹溪)、襄阳市(保康、南漳)。

烤烟上部叶、中部叶及下部叶化学成分数据来源于16个烤烟产区，研究时段是2011—2020年，主要化学成分包括还原糖、总氮、总碱、淀粉、钾和氯，由湖北省烟草质量监督检测站进行分析测定，测定参照行业标准(国家烟草专卖局，2002a，2002b，2007，2011，2019)。所采集的有效烤烟样品共708份，上部叶、中部叶、下部叶各236份。

6.2 研究方法

6.2.1 空间数据分析方法

采用ArcGIS软件为空间分析平台，完成鄂西烟区低温及连阴雨空间分布图。采用空间分析模块中能反映南北差异的反距离权重(IDW)法进行计算。

6.2.2 曼-肯德尔(Mann-Kendall)检验法

利用Mann-Kendall检验方法(Li et al.，2014)对选取的烤烟低温冷害、连阴雨天数变化序列进行突变检验。若UF(UF曲线表示顺序统计量)或UB(UB曲线表示逆序统计量)的值大于0，则表明序列呈上升趋势，小于0则表示呈下降趋势；当它们通过临界直线时，表明趋势明显。若UF和UB两条曲线出现交点，且交点在临界线之间，那么交点对应的时间即为突变开始的时间。本章选取显著性水平$\alpha=0.05$。

6.2.3 低温、连阴雨标准

根据《连阴雨等级》(DB 42/T 1374—2018)中的计算方法，选取5—9月连续4 d或4 d以上，至多1 d不是降雨日，同时该日日照时数<2 h的过程作为一次连阴雨过程，降雨日的标准是日降雨量大于等于0.1 mm。以连阴雨发生次数和最长持续天数分别代表连阴雨发生的频率和强度。

低温冷害采用孟丹等(2015)研究选用的定义方法。前期低温冷害：鄂西南烟区5月日平均气温≤13 ℃的累计天数；鄂西北烟区4月25日—5月25日日平均气温≤13 ℃的累计天数。后期低温冷害:鄂西南烟区 7 月 21 日—9 月 15 日日平均气温≤18 ℃的累计天数,鄂西北烟区 7 月 15 日—9 月 10 日日平均气温≤18 ℃的累计天数。

6.2.4　灰色关联度

进行灰色关联分析前,先对各序列(X_i)进行无量纲化处理(X_i^*),即进行标准化处理:

$$X_i^* = \frac{X_i - \overline{X}_i}{s_i} \tag{6.1}$$

式中:$\overline{X}_i$、s_i 分别为第 i 个气象要素的样本平均值和均方差。

进行标准化处理的基础上,设参考序列为连阴雨最长持续天数,其他列入指标体系中的序列即为比较序列(还原糖、总氮、总碱、淀粉、钾和氯等化学成分)。利用式(6.2)计算比较序列各指标与参考序列各指标的关联系数 $\varepsilon_i(k)$,根据排位次序即可确定各比较序列对参考序列的影响程度。

$$\xi_i(k) = \frac{\min_i \min_k |x_0(k) - x_i(k)| + \rho \max_i \max_k |x_0(k) - x_i(k)|}{|x_0(k) - x_i(k)| + \rho \max_i \max_k |x_0(k) - x_i(k)|} \tag{6.2}$$

$$k = 1,2,\cdots,t-1; i = 0,1,2,\cdots,n$$

式中:ρ 为分辨系数,$\rho \in [0,1]$,通常取 $\rho = 0.5$,ρ 越小,分辨能力越强;k 为因子序号。得出比较序列 x_i 与参考序列 x_0 的关联系数并取均值为 γ_i 计算关联系数的均值,以反映各评价对象与参考序列的关联关系,并称其为关联序 γ_i:

$$\gamma_i = \frac{1}{t}\sum_{k=1}^{t} \xi_i(k) \tag{6.3}$$

6.3　鄂西烟区气象灾害分析

6.3.1　1991—2020 年鄂西烟区主要气候条件

表 6.2 给出了 1991—2020 年鄂西烟区大田期光照、降水、气温等气候条件。鄂西烟区大田期平均气温 20.9～25.4 ℃,降水量 492.7～1088.0 mm,≥20 ℃持续日数 89.0～127.3 d,≥10 ℃活动积温 2876～3498 ℃ · d。鄂西北、鄂西南分布有差异,南部烟区降水量要明显高于北部,北部烟区日照时数要高于南部。

表 6.2　1991—2020 年鄂西烟区烤烟大田期主要气候条件

烟区		AT_{10}/(℃ · d)	N_{20}/d	T_{ave}/℃	DTR/℃	N_{35}/d	AAR/mm	Rd/d	RH/%	SH/h
南部	巴东	3498	127.3	25.4	9.6	31.2	661.3	58.2	73.6	732.7
	秭归	3462	126.2	25.1	9.0	24.1	768.5	64.67	77.5	737.3
	兴山	3466	126.0	25.1	11.0	41.0	614.2	58.93	73.5	730.8
	利川	2876	89.0	20.9	8.4	1.0	788.6	72.47	80.3	626.8
	建始	3242	116.2	23.6	9.6	13.2	914.0	66.53	78.6	672.2
	恩施	3382	123.0	24.5	9.3	21.0	865.7	66.47	78.0	683.6
	咸丰	3045	103.8	22.1	8.5	1.9	881.9	72.1	83.7	564.7
	宣恩	3271	118.5	23.7	9.4	16.5	827.0	68.87	80.4	608.3
	鹤峰	3233	118.2	23.5	9.5	14.1	1088.0	78.47	81.8	570.6
	来凤	3333	122.5	24.2	8.8	13.7	850.8	70.23	81.2	606.5

续表

烟区		AT_{10}/(℃·d)	N_{20}/d	T_{ave}/℃	DTR/℃	N_{35}/d	AAR/mm	Rd/d	RH/%	SH/h
北部	竹溪	3172	111.4	23.0	10.4	12.3	582.1	56.43	81.2	801.8
	郧西	3387	121.1	24.6	10.9	27.7	492.7	50.23	73.4	920
	竹山	3372	119.9	24.5	10.8	30.9	512.8	54.43	75.5	800.4
	房县	3220	113.8	23.4	10.6	16.5	517.9	55.73	77.3	796.7
	保康	3314	117.4	24.0	10.7	27.6	580.1	60.1	75.6	696.9
	南漳	3426	123.4	24.9	9.4	14.2	574.2	53.2	77.9	777.6
平均		3293.7	117.4	23.9	9.7	19.2	720.0	62.9	78.1	707.9

6.3.2 大田期连阴雨

6.3.2.1 空间分布特征

图 6.1 给出了 1991—2020 年鄂西烟区大田期连阴雨年最长持续天数及年均次数。可以看出，鄂西烟区大田期连阴雨最长持续天数分布大体呈南北走向，南多北少，恩施南部地区大田期连阴雨持续天数最长，咸丰、宣恩等地区连阴雨持续天数达 20 d 以上；连阴雨发生的次数也和最长持续天数的分布特征类似，南多北少。总体来看，恩施南部地区连阴雨发生的频率高、强度大。

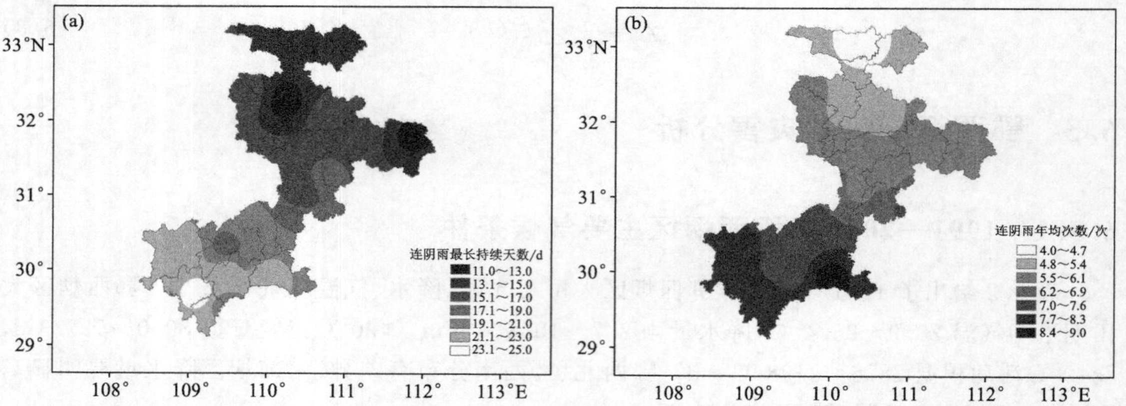

图 6.1 鄂西烟区大田期连阴雨(a)年最长持续天数和(b)年均次数

6.3.2.2 时间分布特征

图 6.2 给出了 1991—2020 年鄂西北、鄂西南代表站大田期遭遇连阴雨次数和最长持续天数的时间变化。可以看出，鄂西南烟区连阴雨发生次数要多于鄂西北烟区，30 a 以来没有明显的下降或升高趋势。1998 年为鄂西南烟区连阴雨过程最长的年份，最长过程达 25 d；鄂西北烟区连阴雨在 2000 年、2016 年过程较短，仅 7 d。图 6.3 是鄂西烟区遭遇连阴雨的累计次数和最长持续天数 M-K 突变检验。

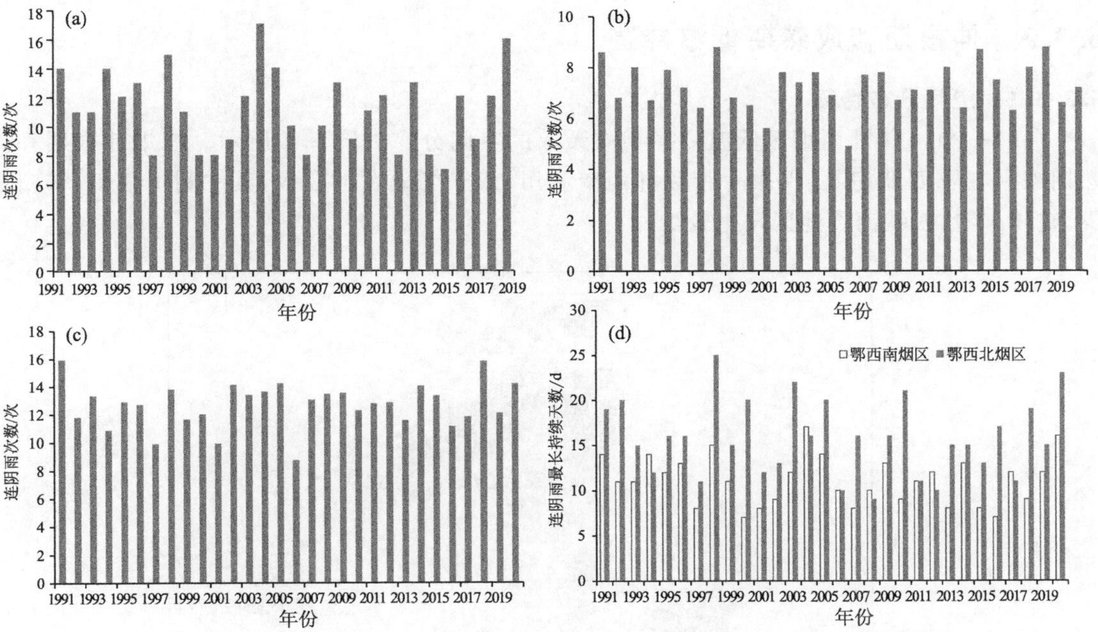

图 6.2　1991—2020 年(a)鄂西北、(b)鄂西南、(c)鄂西烟区大田期连阴雨次数和
(d)鄂西烟区大田期连阴雨最长持续天数

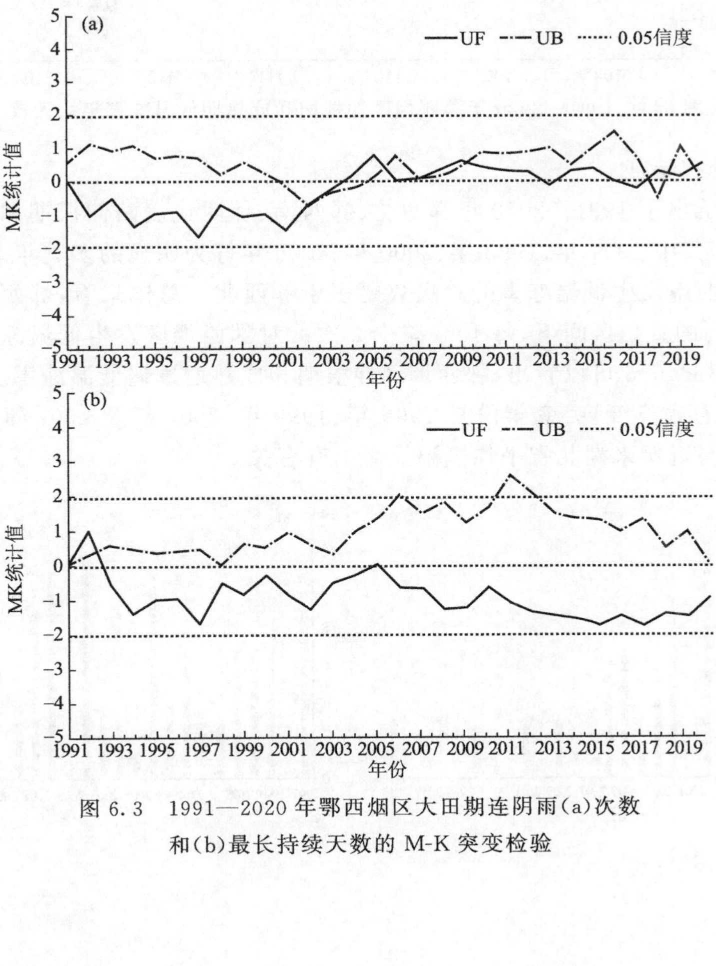

图 6.3　1991—2020 年鄂西烟区大田期连阴雨(a)次数
和(b)最长持续天数的 M-K 突变检验

6.3.3 伸根期和成熟期低温冷害

6.3.3.1 空间分布特征

1991—2020 年鄂西烟区低温冷害年均天数的空间分布如图 6.4 所示。烤烟伸根期和成熟期冻害在鄂西北房县、保康一带和鄂西南利川、咸丰等地发生较多，其中利川最多，秭归最少，整体来看，三峡河谷地区发生较少。

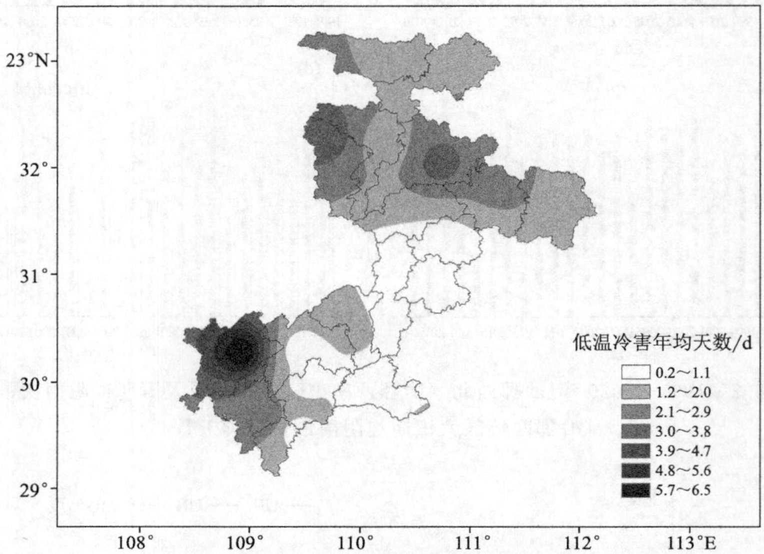

图 6.4　1991—2020 年鄂西烟区伸根期和成熟期低温冻害年均天数

6.3.3.2 时间分布特征

图 6.5 分别给出了 1991—2020 年鄂西北、鄂西南、鄂西代表站伸根期和成熟期遭遇低温冻害次数的变化，其中 1991 年、1993 年、2000 年、2006 年等为明显的多灾年，伸根期（前期）和成熟期（后期）鄂西南发生低温冻害的总次数要多于鄂西北。总体来看，鄂西烟区低温冻害呈下降趋势，在 95％的置信区间下，每 10 a 减少 2 次。对鄂西烟区发生低温冻害的年均次数做 M-K 突变检验，从图 6.6 可以看出，鄂西烟区伸根期和成熟期遭遇低温冻害次数呈下降趋势，在 95％置信水平存在突变，突变年份是 1995 年、1999 年、2001 年及 2007 年。鄂西烟区低温冻害次数的减少与近年来湖北省平均气温显著上升有关。

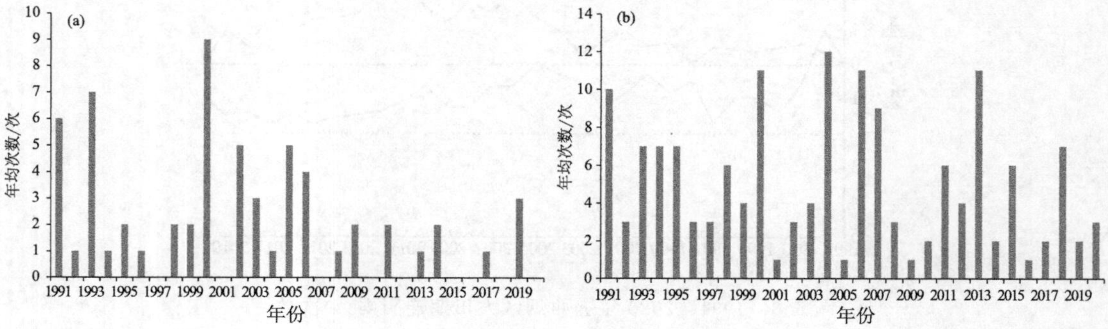

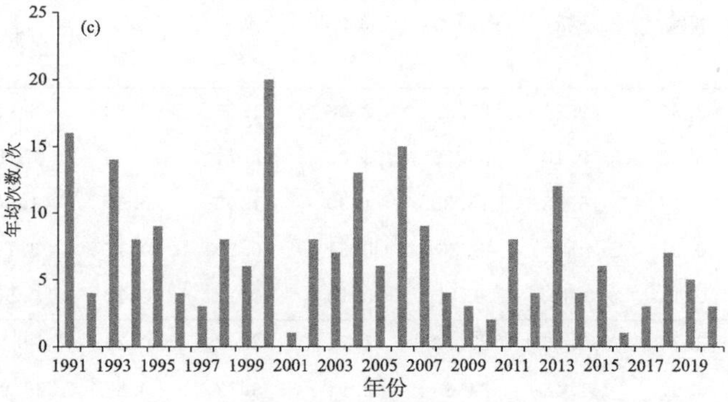

图 6.5　1991—2020 年湖北烟区伸根期和成熟期低温冻害年均发生次数
(a)鄂西北;(b)鄂西南;(c)鄂西

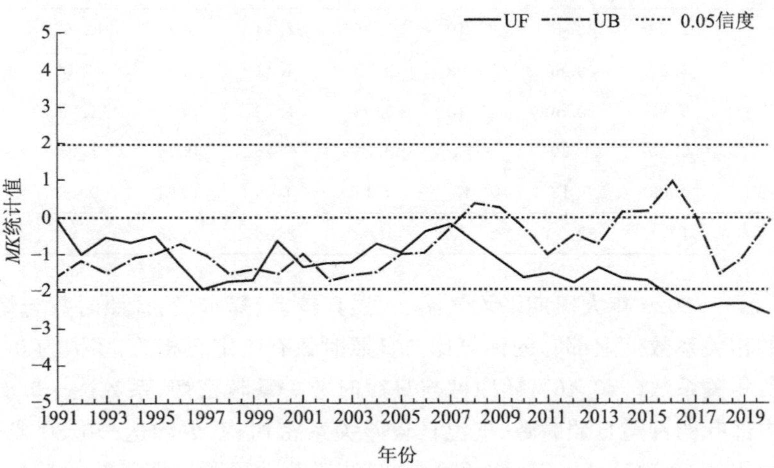

图 6.6　1991—2020 年鄂西烟区伸根期和成熟期低温冻害发生次数的 M-K 突变检验

6.4　连阴雨对烟叶化学品质及产量的影响

6.4.1　鄂西烤烟主要化学成分及连阴雨对其影响

烤烟的主要化学成分有总氮、总糖、还原糖、烟碱、蛋白质、淀粉、钾、氯等。表 6.3 为鄂西烤烟不同部位烟叶各化学成分的统计值,鄂西烟碱均值为 1.71%,糖碱比(14.81)偏高,其他含量均比较适宜;协调性指标糖碱比(14.81)、氮碱比(0.78)、钾氯比(9.86)均较好。从各部位烟叶化学成分含量的变异系数来看,总糖、还原糖、总氮均在 0.16 以下,其中上部叶最大,中部叶最小;烟碱、钾、氯、钾氯比、氮碱比、糖碱比下部叶最大,其中上部叶的烟碱含量最小。总之,鄂西烤烟上部叶、中部叶各化学成分含量差异较小,下部叶各化学成分差异较大。

表 6.3　2011—2020 年鄂西烟区烤烟上部叶、中部叶、下部叶化学成分统计特征

		烟碱/%	总糖/%	还原糖/%	总氮/%	钾/%	氯/%	钾氯比	氮碱比	糖碱比
上部叶	平均值	3.36	29.21	23.83	2.08	1.76	0.32	6.92	0.62	8.96
	最大值	5.42	39.10	34.70	3.05	2.74	1.06	27.40	1.12	17.24
	最小值	2.18	16.38	13.85	1.30	1.06	0.07	1.00	0.42	0.78
	标准差	0.51	4.42	3.28	0.31	0.29	0.17	3.79	0.10	2.48
	变异系数	0.15	0.15	0.14	0.15	0.17	0.52	0.55	0.16	0.28
中部叶	平均值	2.34	33.76	27.28	1.74	2.07	0.25	10.13	0.76	15.34
	最大值	3.57	41.48	34.35	2.91	3.12	0.87	28.94	1.16	23.97
	最小值	1.53	8.00	19.90	1.28	1.14	0.08	1.59	0.50	7.80
	标准差	0.41	3.98	2.72	0.23	0.34	0.13	4.70	0.13	3.52
	变异系数	0.18	0.12	0.10	0.13	0.17	0.52	0.46	0.17	0.23
下部叶	平均值	1.78	33.47	27.40	1.66	2.44	0.26	12.52	0.97	20.12
	最大值	3.00	43.60	36.08	2.45	4.41	1.05	47.09	1.59	40.89
	最小值	0.97	20.50	17.40	0.90	1.29	0.06	1.23	0.58	8.41
	标准差	0.40	4.30	3.54	0.23	0.46	0.16	7.05	0.23	6.37
	变异系数	0.23	0.13	0.13	0.14	0.19	0.61	0.56	0.23	0.32
均值		1.71	32.14	26.17	1.83	2.09	0.28	9.86	0.78	14.81

表 6.4 是 2011—2020 年大田期平均气温、气温日较差、降水量、日照时数与烤烟各部位烟叶主要化学成分的相关系数。上部叶的钾氯比与日照时数有一定正相关，系数为 0.52，氮碱比与日照时数有一定负相关系数（−0.46），还原糖与日照时数关系较密切，系数达−0.83，通过 0.05 的显著性检验。中部叶的钾与日照时数、气温日较差关系密切，系数均达−0.80 或以上，氮碱比也与日照时数密切相关，系数达−0.77，均通过 0.05 的显著性检验。下部叶的总氮与日照时数，降水量与氯、钾氯比有一定关系，系数达 0.6 左右。结果表明，上部叶、中部叶与气象要素关系比下部叶更密切。日照时数减少，上部叶的还原糖含量增加，钾氯比、氮碱比下降，中部叶钾含量增加，氮碱比增加，下部叶的总氮含量减少；降水量增多，中部叶氯含量下降，钾氯比增加。

表 6.4　2011—2020 年大田期 T_{ave}、DTR、AAR、SH 与烤烟各部位烟叶主要化学成分相关系数

烟叶部位			总糖/%	还原糖/%	总氮/%	钾/%	氯/%	钾氯比	氮碱比	糖碱比
上部叶	T_{ave}/℃	−0.40	−0.10	0.13	−0.49	0.22	−0.40	0.49	−0.06	0.07
	DTR/℃	−0.39	−0.04	−0.42	−0.43	−0.26	−0.18	0.24	−0.13	0.17
	AAR/mm	−0.12	−0.29	−0.14	−0.44	0.07	−0.15	0.29	−0.18	−0.26
	SH/h	0.17	−0.38	−0.83*	−0.47	−0.33	−0.29	0.52	−0.46	−0.40
中部叶	T_{ave}/℃	−0.29	0.00	−0.13	−0.53	−0.32	−0.36	−0.09	−0.15	0.11
	DTR/℃	−0.43	0.30	0.50	−0.58	−0.80*	−0.22	−0.25	−0.12	0.30
	AAR/mm	0.08	−0.19	−0.28	−0.12	0.22	−0.46	0.55	−0.14	−0.21
	SH/h	0.23	−0.26	−0.40	−0.47	−0.82*	−0.30	−0.22	−0.77*	−0.31

续表

烟叶部位		总糖/%	还原糖/%	总氮/%	钾/%	氯/%	钾氯比	氮碱比	糖碱比
下部叶	T_{ave}/℃	0.28	−0.04	−0.17	−0.27	−0.46	−0.33	−0.22	−0.44	−0.23
	DTR/℃	−0.16	0.18	0.43	−0.47	−0.45	−0.25	−0.09	−0.11	0.16
	AAR/mm	−0.10	−0.39	−0.32	−0.01	0.17	−0.48	0.55	0.08	−0.11
	SH/h	0.27	−0.16	−0.08	−0.59	−0.28	−0.20	0.02	−0.60	−0.26

* 代表通过信度 0.05 的显著性检验。

连阴雨对化学品质也有一定影响。选取恩施 8 个站点、宜昌 2 个站点代表鄂西南烤烟化学成分情况，选取十堰 4 个站点、襄阳 2 个站点代表鄂西北烤烟化学成分情况，分析连阴雨最长持续天数与烤烟各部位烟叶化学成分的灰色关联度，从表 6.5 可以看出，连阴雨最长持续天数与烤烟各部位烟叶的还原糖、氯、钾氯比、糖碱比关联度较大，其中与还原糖关联度最大。结合表 6.4、表 6.5 可以发现，大田期各部位烟叶的化学成分中钾、氯与日照时数、降水量有一定的相关性，而降水量、日照这些要素又与连阴雨密切相关。长时间持续连阴雨是影响烟叶中氯含量的重要因素，对其贡献为负，对上部叶、下部叶的钾氯比有一定影响，对其贡献为正。这与姬兴杰等(2017)研究认为大田期降雨日数对氯有负面的影响结果相似，可能是长时间持续阴雨导致烤烟大田期降水量远多于适宜条件，而氯易被淋溶迁移(张阳 等,2020)，烟叶对钾、氯元素吸收能力变差，氯减少的比钾更多，导致钾氯比增大。

表 6.5　2011—2020 年鄂西连阴雨最长持续天数与不同部位烟叶化学成分灰色关联度分析

烟叶部位	烟碱/%	总糖/%	还原糖/%	总氮/%	钾/%	氯/%	钾氯比	氮碱比	糖碱比
上部叶	0.610	0.610	0.639	0.608	0.607	0.613	0.617	0.608	0.613
中部叶	0.610	0.612	0.641	0.607	0.607	0.629	0.615	0.609	0.621
下部叶	0.612	0.616	0.645	0.606	0.612	0.621	0.628	0.614	0.633

6.4.2　连阴雨对鄂西烟区烤烟亩产量的影响

近年来，在气候异常的大背景下，极端天气多发，鄂西烟区气象灾害频发，但烟叶各生长期内重要气候事件并不完全相同，因此可以分析单项气候事件对烟叶产量的影响。分析 2010—2019 年鄂西烟区连阴雨最长持续天数对鄂西烤烟亩产量影响，选取恩施代表鄂西南，图 6.7a 是恩施烤烟亩产量与连阴雨最长持续天数的变化，可以看出，恩施烤烟亩产量与连阴雨最长持续天数变化趋势相反，相关系数达−0.81，与累计降水量变化趋势也相反，相关系数达−0.63，即连阴雨持续天数增多、降水量增多，烤烟亩产量下降，如 2014 年较 2013 年连阴雨持续天数变长 10 d，烤烟亩产量下降 33.1%。选取南漳代表鄂西北，图 6.7b 是南漳烤烟亩产量与连阴雨最长持续天数的变化，可以看出，南漳烤烟亩产量与连阴雨持续天数变化趋势基本一致，相关系数达 0.72，与累计降水量变化趋势基本一致，相关系数达 0.58，即连阴雨持续天数增多、降水量增多，烤烟亩产量增多，连阴雨对烤烟亩产量起到了增产的效果，如 2012 年比 2011 年连阴雨持续天数增加 5 d，烤烟亩产量增加了 41.0%，这可能是由于鄂西北较鄂西南常年同期降水量偏少，鄂西北经襄阳至鄂东北一线为湖北省干旱最多区(郑治斌 等,2020)，连阴雨对局部烟区烤烟亩产量产生正面的影响。

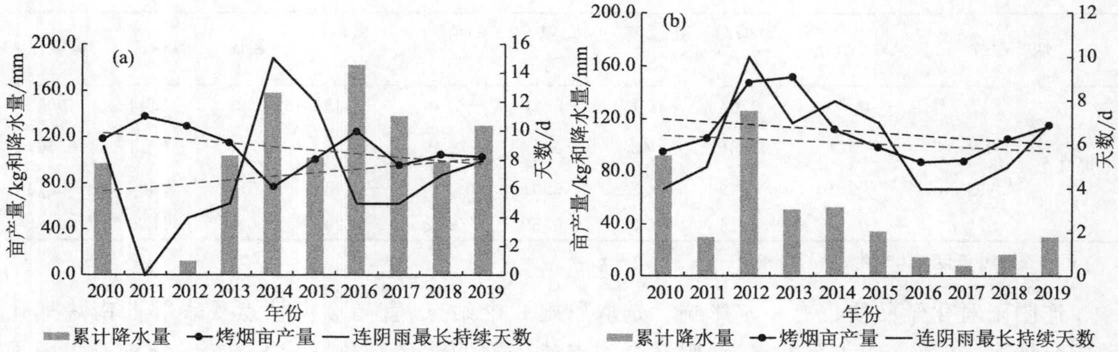

图 6.7　2010—2019 年烤烟亩产量与连阴雨持续天数的变化

(a)鄂西南;(b)鄂西北

6.5　本章小结

本章利用鄂西烟区 16 个气象站 30 年气象要素、烤烟化学成分数据及烤烟亩产量数据，分析了鄂西烟区近 30 年烤烟大田期主要气候条件，在此基础上分析伸根期和成熟期低温冷害、大田期连阴雨的空间分布及时间变化特征，最后分析连阴雨对烤烟化学品质及亩产量的影响。

(1)高品质烟叶一般需要适宜的气象条件。湖北盛产醇甜香型烤烟，罗登山等(2019)研究证明，优质烟叶生产一般要求(罗登山 等，2019)大田期平均气温 25～28 ℃最适宜，≥10 ℃活动积温以大于 2800 ℃·d 为适宜，日平均气温≥20 ℃持续日数以大于 85 d 为适宜，降水量以 500～600 mm 适当分布为好，最低不能少于 300 mm，最高不能大于 800 mm，相对湿度在 70%～80%，日照时数以 600～800 h 为适宜，最高不能多于 1000 h，最低不能少于 500 h。1991—2020 年鄂西烟区大田期平均气温 20.9～25.4 ℃，降水量 492.7～1088.0 mm，≥20 ℃持续日数 89.0～127.3 d，≥10 ℃活动积温 3045～3498 ℃·d 等，这些气候条件基本都在上述适宜气候条件的范围内，能够满足鄂西烟区烤烟大田期对气候条件的要求。

(2)烤烟生育期会遭遇多种气象灾害。以低温、连阴雨为例，伸根期(前期)和成熟期(后期)鄂西南烟区发生低温冻害的总次数要多于鄂西北，其中成熟期(后期)发生低温冻害的次数要高于鄂西北。近 30 年鄂西烟区伸根期和成熟期遭遇低温冻害次数呈下降趋势，这与近年来湖北省平均气温显著上升有关。连阴雨发生的次数也和最长持续天数的分布特征相似，南多北少。总体来看，恩施南部地区连阴雨发生的频率高、强度大。近 30 年鄂西烟区大田期连阴雨发生次数和最长持续天数变化较平稳。

(3)分析鄂西烤烟不同部位烟叶各化学成分，结果表明，烤烟上部叶、中部叶各化学成分含量差异较小，下部叶各化学成分差异较大。在此基础上，分析大田期各气象要素与主要化学成分的关系发现，连阴雨最长持续天数与烤烟各部位烟叶的还原糖、氯、钾氯比、糖碱比关联度较大，其中与还原糖关联度最大。大田期各部位烟叶的化学成分中钾、氯与日照时数、降水量有一定的相关性，而降水量、日照这些要素又与连阴雨密切相关。长时间持续连阴雨是影响烟叶中氯含量的重要因素，对其贡献为负，对上部叶、下部叶的钾氯比有一定影响，对其贡献为正。这可能是长时间持续阴雨导致烤烟大田期降水量远多于适宜条件，而氯易被淋溶迁移，烟叶对钾、氯元素吸收能力变差，氯减少的比钾更多，导致钾氯比增大。

(4)鄂西南连阴雨最长持续天数与烤烟亩产量呈较明显的相反变化趋势，鄂西北不同，亩产量与连阴雨最长持续天数呈较明显的正相关，连阴雨对烤烟亩产量起到了正面的影响。

今后可以通过进一步的观测试验，建立评估模型，利用机器学习建立适用于鄂西烟区的低温、连阴雨评估及预测模型。

第 7 章　湖北省雪茄烟叶品质预测模型研究

生态因素中的气象因子对烟叶品质影响极大(黎妍妍 等,2015;张波 等,2010),气象因子的可预测性使得通过气象数据预测烟叶品质成为可能。钟楚等(2013)基于云南烟叶化学成分与大田期月气象数据建立了预测模型,模型对总糖、还原糖等预测效果较好,对烟碱预测效果较差。朱安琪等(2021)、陈政燕(2013)研究发现,智能算法构建的模型对玉溪和会理烤烟化学成分的预测效果比机理算法效果更好。这些研究多是针对烤烟的,针对雪茄烟叶品质的相关研究目前还未开展,多受限于国产雪茄烟叶种植较少、可用数据较少。

本章以试验所得数据进行湖北雪茄烟叶品质预测模型研究,对相关预测方法进行初探。利用气候模式预测未来年份的气象因子作为输入,结合构建的预测模型计算未来年份的烟叶品质。

7.1　研究数据

7.1.1　雪茄烟叶数据

2021 年湖北省在恩施州恩施市崔坝镇(简称"湖北恩施")、湖北省宜昌市五峰县仁和坪镇(简称"湖北宜昌")、湖北省十堰市丹江口市习家店镇(简称"湖北丹江口")3 个地区进行雪茄烟叶种植试验。雪茄烟叶试验种植地品种及类型如表 7.1 所示,主要种植 9 个茄衣品种和 9 个茄芯品种。共计 54 个样本数。

表 7.1　试验品种及类型

代号	类型	品种	代号	类型	品种
T1	茄衣	云雪 1 号	T3	茄芯	云雪 6 号
T2	茄衣	云雪 2 号	T4	茄芯	海研 204
T6	茄衣	海研 103	T5	茄芯	海研 201
T9	茄衣	QX3	T7	茄芯	QX1
T10	茄衣	CX26	T8	茄芯	QX2
T11	茄衣	CX07	T12	茄芯	CX14
T14	茄衣	德雪 7 号	T13	茄芯	德雪 4 号
T15	茄衣	川雪 2 号	T16	茄芯	川雪 3 号
T18	茄衣	建恒 2 号	T17	茄芯	海南 1 号

3 个种植地的移栽期、移栽至现蕾期和大田期日数如表 7.2 所示。

表 7.2　各种植地移栽期、移栽至现蕾期和大田期日数　　单位：d

序号	种植地	移栽期	移栽至现蕾期日数	大田期日数
1	湖北丹江口	4 月 16—17 日	55	80
2	湖北恩施	5 月 12 日	47	76
3	湖北宜昌	5 月 14 日	47	84

测定的雪茄烟叶化学成分指标包括总糖(%)、还原糖(%)、总植物碱(%)、氯(%)、钾(%)、总氮(%)、蛋白质(%)、淀粉(%)。

评吸指标包括香气特性、烟气特性、余味特性、燃烧特性。香气特性分为香气量、丰富度、熟练度；烟气特性分为刺激性、绵柔感、细腻度；余味特性分为甜润度、干净度、回味感；燃烧特性分为燃烧性、灰色、凝灰度。评吸总分为 100。

物理特性包括叶长(cm)、叶宽(cm)、叶重(g)、含梗率(%)、厚度(μm)、拉力(N)、叶面密度(g/m^2)、填充值(cm^3/g)、平衡含水率(%)。

7.1.2　气象数据

考虑到气象条件对雪茄烟叶的影响是一个累加的过程，最终选取种植地 2021 年的雪茄烟叶移栽至现蕾期(Z)、整个大田期(D)的平均气温(1)、最高气温(2)、最低气温(3)、平均地面温度(4)、平均相对湿度(5)、降水量(6)、日照时数(7)、气温日较差(8)共计 16 个气象要素作为主要气象因子，数据来源于湖北省气象信息与技术保障中心。3 个种植地大田期气象要素均值、极值或累计值如表 7.3 所示。

表 7.3　各种植地大田期的气象要素

地点	平均气温/℃	最高气温/℃	最低气温/℃	平均地面温度/℃	平均相对湿度/%	降水量/mm	日照时数/h
湖北丹江口	21.7	27.5	17.3	25.7	68.2	205.2	424.3
湖北恩施	23.6	28.9	20.1	26.2	78.6	605.2	366.3
湖北宜昌	22.3	28.8	18.4	24.9	81.4	527.2	327.0

采用 CFSv2 模式月季尺度的预报数据。CFS(Climate Forecast System，CFS)是海气耦合的全球气候预报系统，该预报系统是 2004 年 8 月 24 日由美国国家海洋和大气管理局(National Oceanographic and Atmospheric Administration，NOAA)推出的新预报系统，该版本的 CFS 称为 CFSv1，是美国国家环境预报中心(NCEP)用于季节预报的第一个准全球、完全耦合的大气-海洋-陆地模型。CFS 集合预报系统是一种最先进的动力学模型，可用于预测大气-海洋-陆地系统在月尺度上的演化，是目前在月尺度和季尺度上较为先进的集合预报模型。CFS 集合预报在每天(协调世界时间 UTC)00:00、06:00、12:00 和 18:00 发布月度预报数据，预报文件存储着全球尺度的预报值，每一份预报文件都以经纬度形式保存气象数据，CFS 集合预报文件的经纬度分辨率为 0.947°×0.9375°，在全球一共有 384×190 个网格节点。月度预报预见期为 1～9 个月。

2011 年 3 月 NOAA 发布了 CFS 第二代产品 CFSv2，此版本对数据同化和系统模型进行了更新。CFSv2 在 NCEP 每天运行一次，发布具有多个时间尺度的预报产品，包含 6 h、1 周和月度气象预报。在月尺度预报模型中，CFS会对未来9个月的气象因素进行预测。

7.2 研究方法

由于雪茄烟叶样本数较少，因此最终预测模型采用多元线性回归方程法。待数据有一定的积累后，将采用多元线性回归方程法(A)、逐步线性回归方程法(B)、BP神经网络法(C)、基于逐步线性回归的BP神经网络法(D)、遗传算法优化BP神经网络法(E)建立5种预测模型。下面对5种预测模型进行简要介绍，并利用烤烟数据进行效果评估。

7.2.1 多元线性回归方程法

利用多元线性回归方程(李湘阁 等，2016)构建雪茄烟叶品质与气象因子的关系：

$$y = c_0 + c_1 x_1 + c_2 x_2 + \cdots + c_k x_k \tag{7.1}$$

式中：y 为雪茄烟叶品质；x 为选取的气象因子($x_1, x_2, \cdots, x_k$)，需通过显著性检验；c_0 为回归常数，$c_1, c_2, \cdots, c_k$ 为回归系数。

7.2.2 逐步线性回归方程法

为了消除气象因子间的多重共线性现象，采用逐步回归法构建烟叶品质与气象因子的多元线性回归方程。逐步回归法是将变量逐个引入模型进行 F 检验，每引入新变量之后都要重新对已引入的变量进行 t 检验，去除不显著的变量，直到没有新变量引入方程或没有不显著的变量从回归方程中剔除为止(李楠 等，2021)。

7.2.3 BP神经网络法

BP神经网络在不用事先描述输入输出数学关系的情况下(贾方方 等，2016)，通过梯度下降法不断调整系统的权值和阈值，使输出最接近期望值。BP神经网络法在各类预测系统中得到广泛应用，其网络结构如图7.1所示。

X 是输入值，Y 为预测值，w_{ij} 和 w_{jk} 为网络权值。

在智能算法中，为了防止不同数据值域范围过大影响预测结果，需要对数据进行归一化处理：

$$\overline{X} = (X - X_{\min})/(X_{\max} - X_{\min}) \tag{7.2}$$

式中：X、$\overline{X}$ 分别为数据样本归一化前后的值；$X_{\min}$、$X_{\max}$ 分别为输入样本的最小值和最大值。

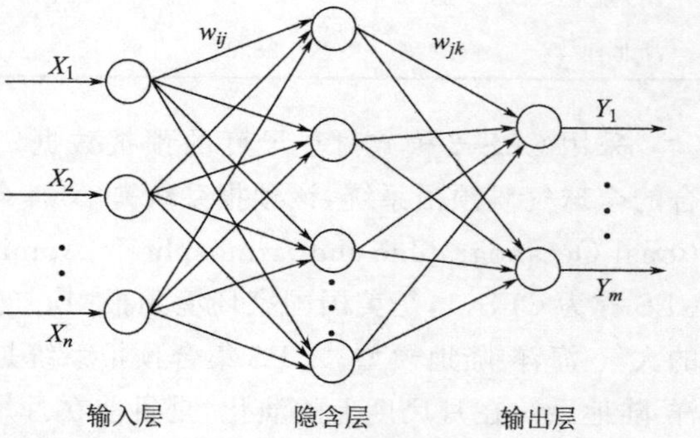

图7.1 BP神经网络结构

确定隐含层节点数 g，公式为

$$g = 2n + 1 \tag{7.3}$$

式中：n 为输入层个数。

选取 S 型函数为节点之间的传递函数，即

$$y=1/(1+e^{-x}) \tag{7.4}$$

7.2.4　遗传算法优化 BP 神经网络法

遗传算法(Genetic Algorithm,GA)是一种仿照自然界遗传机制和进化过程的随机搜索最优解的群智能算法。为了避免 BP 神经网络的仿真速度和准确率受初始权值和阈值的影响,采用 GA 算法对 BP 神经网络的初始权值和阈值进行优化(杨佳琦 等,2022;刘梦璇 等,2021;王小川 等,2013)。GA-BP 神经网络流程如图 7.2 所示。

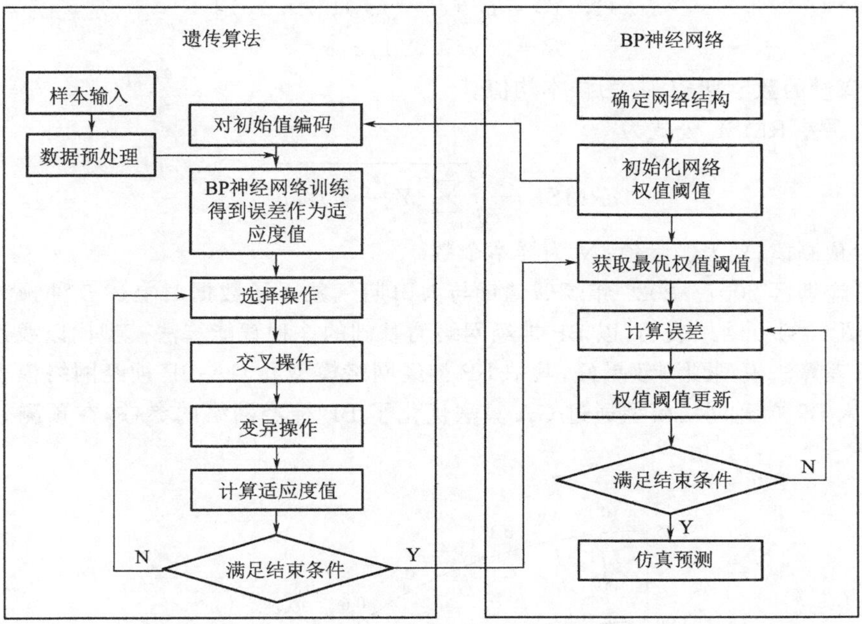

图 7.2　GA-BP 神经网络流程

利用 GA 算法对初始的 BP 神经网络权值和阈值进行编码,确定 GA 算法个体(染色体)的长度 Z,公式为

$$Z=ng+gm+g+m \tag{7.5}$$

式中:n、g、m 分别为输入层、隐含层、输出层节点数。

利用个体确定的 BP 神经网络对样本进行预测,选取误差平方和的倒数作为适宜度值 F,公式为

$$F=1\Big/\sum_{i=1}^{N}(q_i-o_i)^2 \tag{7.6}$$

式中:q_i、o_i 分别为第 i 个样本的期望输出、预测输出;N 为样本个数。

循环进入选择、交叉、变异操作,直到获取最优适宜度的个体。BP 神经网络利用得到的最优个体对网络进行权值和阈值的赋值。

7.2.5　模型预测性能评估

采用泰勒图对模型预测效果进行检验(图 7.3)。泰勒图利用三角函数几何原理,把评价

模型的相关系数、标准差以及均方根误差放在一张图上展现，更直观地反映模型的优劣，目前已广泛应用于气候模式模拟评估和预测模型评估（向竣文 等，2021；蒋文好 等，2021）。点所在的半径与水平方向夹角的余弦值表示预测值与实际值的相关系数；点与原点的距离表示预测值标准差与实际值标准差的比值；点到 Cen 的距离表示预测值均方根误差与实际值标准差的比值，距离越短表明模型预测效果越好。

标准差 σ、协方差 $\mathrm{cov}(X,Y)$、相关系数(R)的公式分别为

$$\sigma=\sqrt{E[(X-\mu x)^2]} \tag{7.7}$$

$$\mathrm{cov}(X,Y)=E[(X-\mu x)(Y-\mu y)] \tag{7.8}$$

$$R=\mathrm{cov}(X,Y)/\sigma_X\sigma_Y \tag{7.9}$$

式中：E 为变量的数学期望；μ 为样本均值。

均方根误差 RMSE 公式为

$$\mathrm{RMSE}=\sqrt{\sum_{i=1}^{N}(Y_i-Y)^2/N} \tag{7.10}$$

式中：Y_i 为预测值；Y 为实际值；N 为样本个数。

利用恩施烟区 2007—2021 年烟碱含量与大田期气象因子数据对上述 5 种预测模型效果进行评估（图 7.3）。结果表明，以 BP 神经网络为基础的 3 种智能算法模型比以线性方程为基础的 2 种机理算法模型预测效果好，其中 BP 神经网络模型和 GA-BP 神经网络模型的预测效果最佳。GA-BP 神经网络模型通过 GA 算法优化了 BP 神经网络的参数，在预测效果上有了一定的提升。

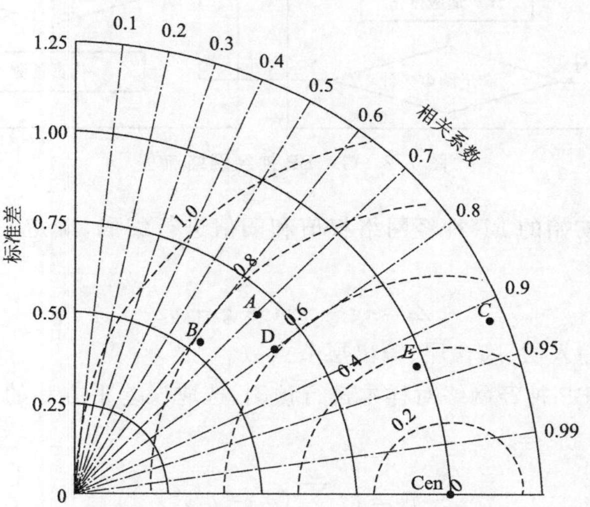

图 7.3　5 种模型预测效果的泰勒图

7.2.6　空间降尺度

CFS 集合预报发布的是格点气象预测数据，为得到研究烟区气象信息，需要对预测气象数据进行空间降尺度处理（王雅琳 等，2023）。具体方法是通过反距离权重法将格点数据插值到站点，求得站点位置的预测数据（吴亚坤 等，2013）。

反距离权重(Inverse Distance Weighting，IDW)是一种应用已知离散点集进行多元插值的确定性方法，用已知点数据，通过加权平均值计算出目标点数据。权重是一种反距离函数，反距离权重法中目标点受到采样点的影响，会随着距离的增大而减小，即在多个坐标点中，距离比较近的两个坐标点具有更为相似的属性。反距离权重法主要依赖于反距离的幂值，幂参数可基于距输出点的距离来控制已知点对内插值的影响，幂参数是一个正实数，默认值为 2，可以通过定义更高的幂值，进一步强调“最近”关联点对目标点的影响。

7.3　雪茄烟叶品质与气象因子预测模型

通过对湖北 2021 年雪茄烟叶化学品质、评吸结果、物理特性 3 个品质与对应的移栽至现蕾期、大田期时段的 16 个气象要素的相关分析和显著性检验，建立线性回归预测模型。其中，雪茄烟叶品质数据作为因变量，通过显著性检验的气象因子作为自变量。

7.3.1　化学品质与气象因子预测模型

计算得到湖北雪茄烟叶化学品质与气象因子预测模型方程为

总糖(%)$=-2.103-0.028Z_1+0.084Z_3+0.017Z_4+0.052Z_8+0.037D_3-0.007D_8$；

还原糖(%)$=-3.312+0.029Z_3+0.026Z_4+0.055Z_8-0.016D_1+0.054D_3+0.039D_4$；

氯(%)$=5.834-0.147Z_1-0.006Z_3-0.122Z_4+0.045Z_5+0.003Z_7+0.06Z_8-0.211D_1+0.085D_3-0.049D_4+0.117D_8$；

钾(%)$=54.245+0.108Z_1+0.047Z_2-0.525Z_3-0.259Z_5+0.13Z_6-0.008Z_7-0.47D_2-0.112D_4-0.06D_5+0.006D_6-0.009D_7-0.384D_8$；

总氮(%)$=-9.824-0.034Z_1+0.480Z_3-0.055Z_4-0.002Z_6+0.226Z_8-0.051D_1+0.26D_3+0.111D_8$；

蛋白质(%)$=7.626+0.001Z_6+0.008D_6+0.001D_7$；

淀粉(%)$=3.386-0.078D_1$。

其中，总植物碱与各气象因子相关性不显著，无预测模型方程。

7.3.2　评吸结果与气象因子预测模型

计算得到湖北雪茄烟叶评吸结果与气象因子预测模型方程为

$$评吸结果=178.333-1.643Z_1-3.117D_3-1.513D_8$$

7.3.3　物理特性与气象因子预测模型

计算得到湖北雪茄烟叶物理特性与气象因子预测模型方程为

叶宽(cm)$=72.290-1.139Z_1+3.317Z_2-0.462Z_5+0.038Z_6-0.106Z_7-0.6Z_8-0.974D_4-0.848D_5+0.049D_6+0.106D_7$；

厚度(μm)$=-136.987+16.063Z_4+2.661D_1-9.266D_3-8.675D_8$；

拉力(N)$=-1.739+0.074Z_4+0.06D_1$；

叶面密度(g/m²)$=130.022-3.558Z_1$；

填充值(cm³/g)$=-5.134+0.667Z_1-0.609Z_2-0.031Z_5-0.017Z_6+0.009Z_7+$

$0.488Z_8 - 0.027D_2 + 0.481D_4 + 0.018D_5 + 0.039D_6 - 0.005D_7 + 0.108D_8$；

平衡含水率(%) $= -34.8 + 0.314Z_1 - 0.222Z_2 + 0.263Z_5 + 0.014Z_6 + 0.007Z_7 - 0.156Z_8 - 0.064D_2 + 0.283D_4 + 0.116D_5 - 0.019D_6 + 0.02D_7 + 0.571D_8$。

其中，叶长、叶重、含梗率与各气象因子相关性不显著，无预测模型方程。

7.4 品质预测结果

根据化学品质、评吸结果、物理特性 3 个品质与对应的移栽至现蕾期、大田期时段的 16 个气象要素的相关分析和显著性检验，建立线性回归预测模型，利用 2023 年 CFSv2 数据预测雪茄烟品质，结果如表 7.4 所示。由于 2023 年湖北雪茄烟叶质量评价还未开展，后续需利用实测数据对预测结果进行评估。

表 7.4 2023 年雪茄烟叶品质预测结果

品质	丹江口	恩施	宜昌
总糖/%	0.45	0.40	0.38
还原糖/%	0.14	0.16	0.12
氯/%	0.55	0.14	0.86
钾/%	3.24	4.86	4.63
总氮/%	3.12	3.68	3.23
蛋白质/%	8.24	8.86	9.13
淀粉/%	2.42	1.42	1.36
评吸结果/分	68.8	65.7	65.2
叶宽/cm	24.56	25.24	26.64
厚度/μm	104.2	98.4	72.9
拉力/N	1.39	1.58	1.55
叶面密度/(g/m^2)	65.35	45.76	48.53
填充值/(cm^3/g)	6.34	5.67	5.53
平衡含水量/%	10.69	12.10	13.56

7.5 本章小结

气象因子对雪茄烟叶品质的影响是一个复杂关系系统，数学方程不能很精准地进行定量化描述，这可能造成数学方程构建的预测模型有较大的误差，但是它的参数都有明确的物理意义，可以反映出气象因子对烟叶品质的具体影响，指导实际生产。智能算法和深度学习是目前较为成熟的技术，待未来数据完善后，可构建准确率更高、稳定性更强的模型运用到雪茄烟叶品质的预测研究中。

第8章　湖北省雪茄烟叶适宜移栽期研究

烟草的生长发育、内在化学成分及烟叶香气品质受品种基因、生态环境以及栽培技术的复合影响(中国农业科学院烟草研究所,2005),近年来栽培技术趋向均一化,生态环境中的气象条件已成为影响烟草生长和品质的最重要因素(王跃能 等,2018;黎妍妍 等,2015;时鹏 等,2012)。雪茄烟相较于烤烟而言对气象条件的要求更为苛刻(陶健 等,2016),因此适宜的移栽期对生产优质雪茄烟叶举足轻重。同一地区不同移栽期下的烟株在不同发育期经历的温度、光照、降水等气象条件皆有差异,烟株的生长发育受此影响,导致烟叶产质量以及香气风格发生改变(鹿莹 等,2014)。

近年来,陈小龙等(2021)、孙延国等(2016)、闫伸等(2014)、李文卿等(2013)众多学者针对不同烟区烤烟的适宜移栽期进行了大量研究,对雪茄烟也开展了部分工作。四川什邡凭借适宜的气候土壤条件享有"雪茄之乡"美誉,张瑞娜等(2017)发现5月田间生育期气候条件适宜,病害有效降低,上旬移栽的烟株更有利于生产优质雪茄烟叶。海南省拥有与古巴类似适合雪茄烟叶生长的生态环境,孙延国等(2019)研究发现,随着移栽期推迟,海南雪茄烟叶发育期缩短,烟株生长速率加快,茄衣产量先增加后降低,最适宜移栽期为1月中旬。移栽期的变化严重影响雪茄烟株的生长发育,但目前湖北雪茄烟叶受其影响程度缺乏深入的研究,因此本章将探讨基于丹江口市、恩施市生态环境,不同移栽期对雪茄烟生长发育、产量及品质的影响,为湖北雪茄烟叶确定适宜移栽期提供技术参考。

8.1　研究数据

8.1.1　丹江口数据

丹江口数据的试验品种为中式雪茄烟茄芯叶品种楚雪14号(简称"CX-14"),以及茄衣叶品种楚雪26号(简称"CX-26")。试验地位于湖北省丹江口市习家店镇高端雪茄烟叶生产科技示范园。该地地处丹江口市区西北部,海拔200～350 m。试验地土壤为黄棕壤,pH 6.2～8.0;养分含量分别为:有机质8.4 g/kg、速效磷8.1 mg/kg、碱解氮88.7 mg/kg、速效钾161.7 mg/kg、交换性钙4550.8 mg/kg、交换性镁410.6 mg/kg、有效硼0.3 mg/kg、有效锌0.9 mg/kg、水溶性氯19.3 mg/kg。

试验于2021年进行,分别于4月10日(T1)、4月20日(T2)、4月30日(T3)和5月10日(T4)移栽。播种期处理和移栽期处理均随机区组排列,3次重复。田间管理依照优质雪茄烟叶生产方法,各试验处理保持一致。

8.1.2　恩施数据

恩施数据的试验品种为雪茄烟茄衣品种CX-26。试验地位于2021年湖北省恩施州崔坝镇雪茄烟叶育苗基地和种植示范基地。该地地处恩施州东北部，平均海拔 962 m。本次试验地土壤深厚，为黄棕壤，土壤 pH 值为 6.2，呈弱酸性，有机质含量 21.46 g/kg，碱解氮含量 165.45 mg/kg，速效磷含量 15.82 mg/kg，速效钾含量 145.80 mg/kg，全氮含量 1.56 g/kg。

试验共设为 3 组处理，分别于 4 月 20 日（T5）、4 月 30 日（T6）、5 月 10 日（T7），随机区组排列，重复 3 次。

8.2 研究方法

收集整理国家一般气象站丹江口站、恩施站 1991—2020 年逐日平均气温、降水量、日照时数和平均相对湿度等气象数据，以及两站 2021 年试验期间上述气象要素的逐日信息。数据来自湖北省气象信息与技术保障中心，数据用来分析不同移栽期处理下大田生长的气象条件。

记录各移栽期处理下雪茄烟叶到达团棵期、旺长期、现蕾期、初采期和终采期的时间；烟叶打顶后，参照烟草行业标准《烟草农艺性状调查测量方法》（YC/T 142—2010）调查各移栽处理下雪茄烟叶的农艺性状。

各移栽期处理分开采收、晾制及初次发酵，再进行分级，根据当地雪茄烟叶交易等级分别统计茄衣、茄套和茄芯比例，以及产量、产值和均价（邓小华 等，2016）。

选取中部叶进行常规感官评吸，评吸分析由湖北中烟三峡雪茄烟技术中心专家按照《湖北中烟技术中心单料烟质量评价办法》进行。

恩施试验中，在确定最佳移栽期的基础上，探究适宜的雪茄烟叶种植密度。因雪茄烟的烟叶既是收获物又是其生长器官，因此其种植密度高于烤烟。试验设 6 组处理进行研究，分别取烟株种植行距为 100、110 cm，设置烟株株距分别为 40 cm、45 cm、50 cm，不同行距和株距间进行组合（表 8.1），每组试验重复 3 次。

表 8.1 不同种植密度试验设计

处理	行距/cm	株距/cm
D1	100	40
D2	100	45
D3	100	50
D4	110	40
D5	110	45
D6	110	50

8.3 气象条件

8.3.1 丹江口气象条件

由图 8.1 可知，丹江口全年平均气温变化范围为 3.3～28.9 ℃，平均相对湿度为 66.4%～78.9%，各月降水量为 15.1～130.6 mm，日照时数为 117.3～190.0 h；其中大田期 4—8 月平均气温 15.1～28.9 ℃，每旬日照时数 51.8～69.1 h，降水充足，湿度适中。2021 年试验期 4—8 月的气象条件与历史平均基本相似，但是降水较历史同期偏多 15%～85%，日照时数偏少 30%左右，气象条件基本满足雪茄烟叶的生长（秦艳青 等，2012）。

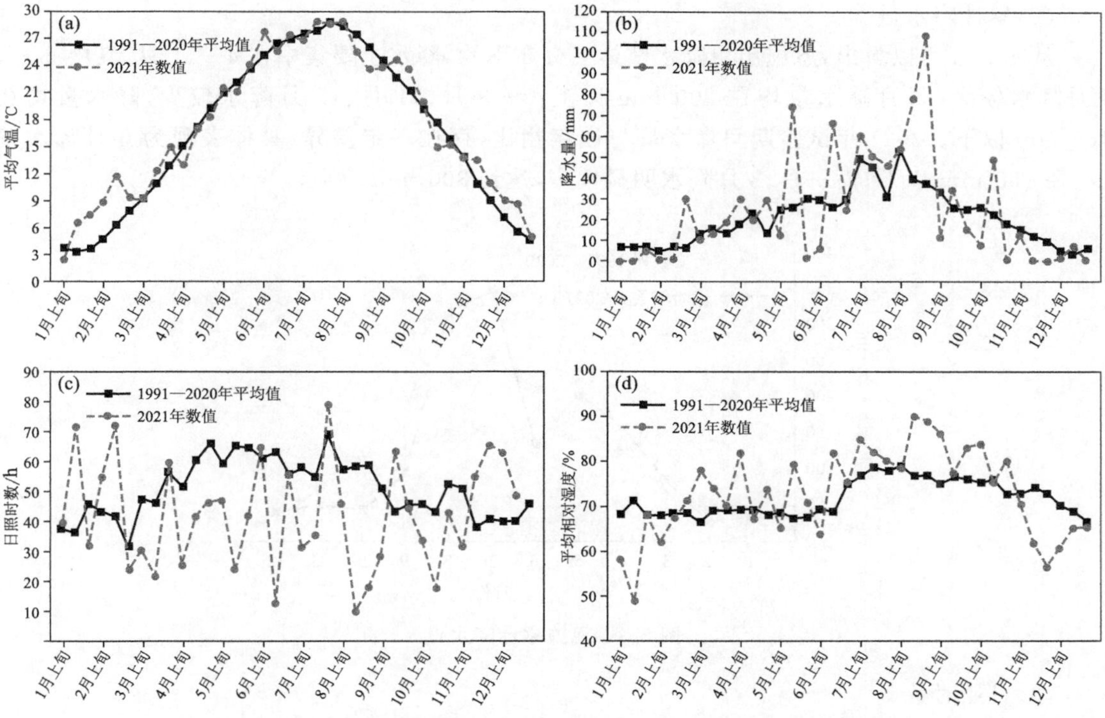

图 8.1　丹江口 2021 年气象要素各旬数值与历史(1991—2020 年)平均值对比

(a)平均气温;(b)降水量;(c)日照时数;(d)平均相对湿度

8.3.2　恩施气象条件

(1)平均气温

从图 8.2 可以看出,恩施历史全年平均气温变化范围为 5～27 ℃,气温最低出现在 1 月,最高出现在 8 月,4—8 月的平均气温变化范围为 16～27 ℃,该气温范围适宜雪茄烟叶的生长发育。试验年份 2021 年的气温变化与历史平均较为相似,不同的是 2021 年最高气温出现在 7 月。

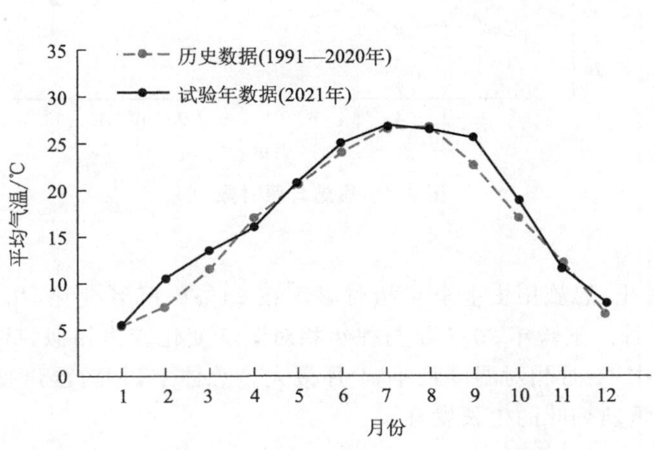

图 8.2　恩施平均气温

(2)累计降水量

从图 8.3 可以看出,恩施历史降水整体上分布不均,降水主要集中在 4—11 月,其中 6 月、7 月降水较大,每月降水量均在 200 mm 以上;1—3 月、11 月、12 月降水较少,降水量均在 100 mm 以下。2021 年试验期间降水量与往年相比,存在一定差异,具体表现为 6 月降水偏少,在 150 mm 以下,而 7 月、8 月降水明显偏多,达到 300 mm 以上。

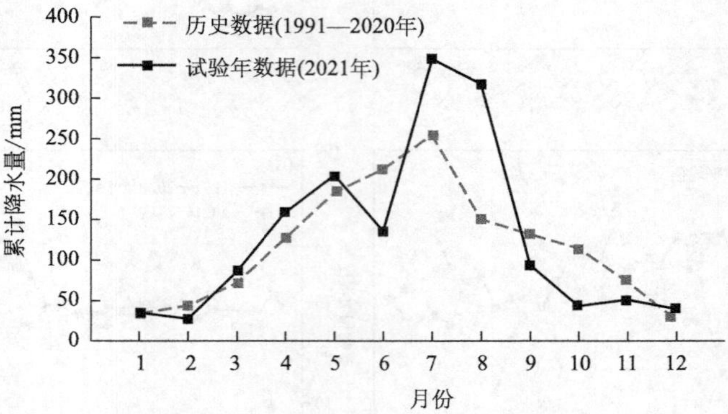

图 8.3 恩施累计降水量

(3)日照时数

从图 8.4 可以看出,恩施历史上 4—9 月日照时数均在 100 h 以上,且 8 月日照时数最长,达 180 h 以上。2021 年试验期间与历史数据相比,日照时数明显减少,4—6 月日照时数均在 100 h 以下,9 月日照时数最长,在 160 h 左右。

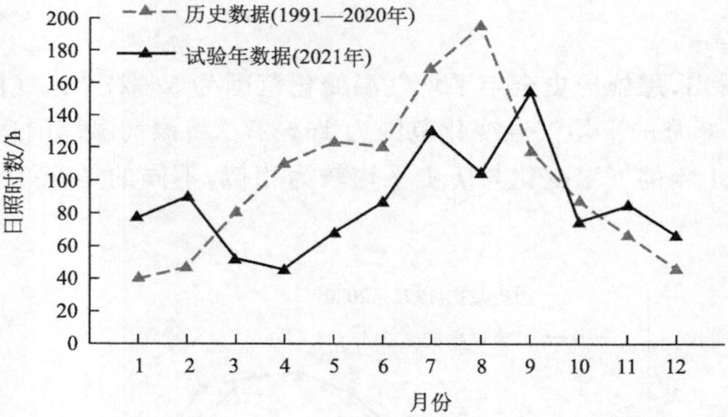

图 8.4 恩施日照时数

(4)相对湿度

从图 8.5 可以看出,恩施历史上全年相对湿度在 74%~85%变化,相对湿度最大出现在 11 月,最小出现在 8 月。试验年 2021 年与往年相对湿度变化较为相似,试验年的相对湿度在 73%~83%变化,其中 10 月相对湿度最小,4 月最大。总体上,相对湿度变化较为稳定,均在 70%以上,比较适宜雪茄烟叶的生长发育。

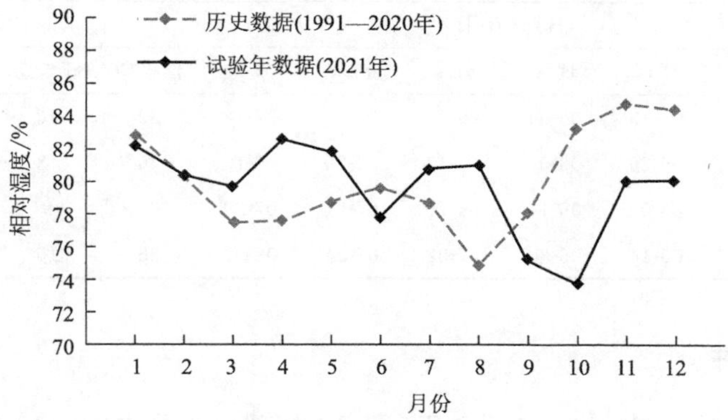

图 8.5　恩施相对湿度

8.4　不同移栽期对丹江口雪茄烟叶的影响

8.4.1　生育期

由表 8.2 可知，在丹江口试验地，对于 CX-14，随着移栽期推迟，各发育期相应推迟，生长季有不同程度的缩短，T1、T2、T3 和 T4 处理从移栽至采收完毕的生长季天数分别为 111 d、101 d、100 d 和 93 d。4 月 20 日移栽的 T2 较 4 月 10 日移栽的 T1 生长季天数缩短了 10 d，从移栽至团棵的伸根期缩短了 2 d，从团棵至现蕾的旺长期缩短了 3 d，从现蕾至采收完毕的成熟期缩短了 5 d。值得注意的是，虽然 T3 较 T2 的移栽期推迟了 10 d，但是两个处理的生长季天数基本一样，相较于 4 月 20 日移栽的 T2，4 月 30 日移栽的 T3 伸根期和成熟期分别缩短了 2 d 和 3 d，旺长期增加了 4 d；而对于 5 月 10 日移栽的 T4，旺长期进一步增加，成熟期进一步缩短，导致 T4 的生长季天数相较于 T3 缩短了 9 d。

对于 CX-26，随着移栽期推迟，各发育期相应推迟，但是生长季并未呈现明显规律。T1、T2、T3 和 T4 处理从移栽至团棵的时长较为接近，在 35～39 d，其中 T3 较 T2 虽然移栽期推迟了 10 d，但两者的伸根期天数一样；T1、T2、T3 从团棵至现蕾的时长逐步缩短，现蕾至采收完毕的时长逐步增加，T2 和 T3 尤为显著，T3 较 T2 旺长期缩短了 4 d，成熟期增加了 8 d；T4 和 T3 的生长季天数基本一样，但 T4 较 T3 旺长期时长增加，成熟期时长缩短。

表 8.2　不同移栽期对 CX-14 和 CX-26 发育期的影响

品种	处理	日期(月-日)						天数/d			
		移栽	团棵	现蕾	打顶	初采	末采	伸根期	旺长期	成熟期	生长季
CX-14	T1	04-10	05-20	06-03	06-05	07-25	07-29	40	14	57	111
	T2	04-20	05-28	06-08	06-13	07-26	07-29	38	11	52	101
	T3	04-30	06-05	06-20	06-20	08-01	08-07	36	15	49	100
	T4	05-10	06-15	07-02	07-02	08-04	08-10	36	17	40	93

续表

品种	处理	日期(月-日)						天数/d			
		移栽	团棵	现蕾	打顶	初采	末采	伸根期	旺长期	成熟期	生长季
CX-26	T1	04-10	05-19	06-04	06-07	06-22	07-12	39	16	39	94
	T2	04-20	05-26	06-08	06-13	06-25	07-15	36	13	38	87
	T3	04-30	06-05	06-14	06-19	07-01	07-29	36	9	46	91
	T4	05-10	06-14	06-30	07-02	07-24	08-07	35	16	39	90

8.4.2 气象条件

由图 8.6 可知，对于 CX-14，T1、T2、T3 和 T4 处理生长季内的≥10 ℃有效积温较为接近，数值在 1486.9～1597.3 ℃·d。随着移栽期推迟，4 个处理在伸根期和旺长期内的≥10 ℃有效积温呈增加趋势，成熟期内呈减少趋势。4 个处理生长季内的降水量在 345.2～386.6 mm，T3 略为偏少。T1 和 T2 的降水量集中于伸根期和成熟期，旺长期内几乎无降水；T3 和 T4 在各个发育期内的平均降水量较为均衡。4 个处理生长季内的日照时数在 393.7～460.7 h，T1 和 T3 略为接近，较 T2 和 T4 偏多，偏多部分主要集中在成熟期。

由图 8.7 可知，对于 CX-26，T1、T2、T3 和 T4 处理生长季内的≥10 ℃有效积温在 1234.6～1483.3 ℃·d，T3 和 T4 略偏多，主要集中于伸根期和成熟期。4 个处理生长季内的降水量在 305.1～334.1 mm，T1 和 T2 略为偏少。T1、T2 和 T3 的降水量集中于伸根期和成熟期，旺长期内几乎无降水；T4 在各个发育期内的降水量较为均衡。4 个处理生长季内的日照时数较为接近，数值在 346.9～389.4 h，差异集中于旺长期和成熟期。

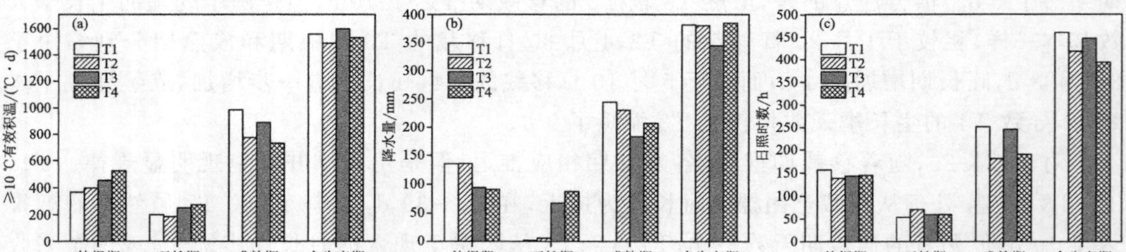

图 8.6　不同移栽期 CX-14 大田期(a)≥10 ℃有效积温、(b)降水量、(c)日照时数

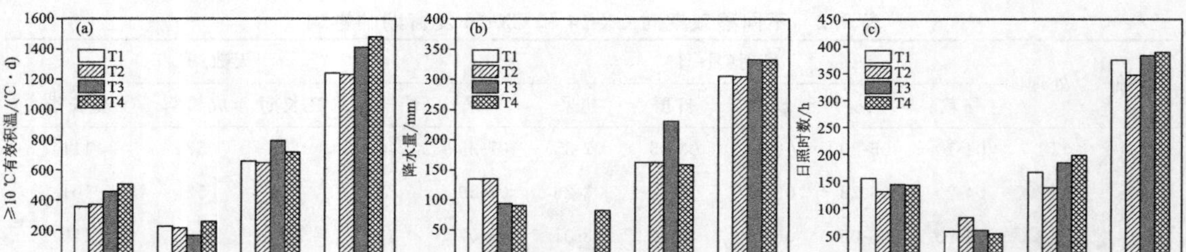

图 8.7　不同移栽期 CX-26 大田期(a)≥10 ℃有效积温、(b)降水量、(c)日照时数

8.4.3　农艺性状

由表 8.3 可知，两个研究品种不同处理下烟株的农艺性状有较大差异。对于 CX-14，随着移栽期推迟，株高、茎围呈先增后减趋势，节间距呈增加趋势；虽然 T1 的有效叶片数最多，但 T3 的最大叶长和最大叶宽显著优于 T1、T2、T4。T4 在各指标表现上略差于 T3，可能与 T4 成熟期的有效积温略偏少、降水量略偏多、光照略偏少有关。综合考虑各处理的农艺性状，4 月 30 日为 CX-14 的适宜移栽期。

表 8.3　不同移栽期 CX-14 和 CX-26 成熟期的农艺性状

品种	处理	株高/cm	茎围/cm	节间距/cm	叶片数/片	最大叶长/cm	最大叶宽/cm
CX-14	T1	103.4c	6.9c	5.3c	21a	52.7b	31.0b
	T2	116.2b	7.0c	6.4b	19b	52.6b	29.0b
	T3	126.8a	8.7a	6.8a	20ab	61.4a	35.2a
	T4	125.5a	8.2b	6.9a	19b	59.5a	33.1ab
CX-26	T1	122.5a	7.3b	10.2a	13b	51.8b	29.0b
	T2	118.1b	7.0c	8.8c	15a	52.3b	28.5b
	T3	115.8c	7.6b	9.3b	14a	55.6a	32.1a
	T4	115.0c	8.7a	9.3b	13b	52.0b	30.5ab

注：同列不同小写字母间表示差异达显著性水平（$P<0.05$），下同。

对于 CX-26，随着移栽期推迟，株高呈减小趋势，茎围、节间距呈先减后增趋势；T2 的有效叶片数最多，T3 的最大叶长和最大叶宽最优，且差异显著。综合来看，4 月 20 日和 4 月 30 日均为 CX-26 的适宜移栽期。

8.4.4　经济性状

由表 8.4 可知，对于 CX-14，T2 的上等茄芯（茄芯 1 级）和中等茄芯（茄芯 2 级）比率显著高于其他 3 个处理，T3 次之；T2 和 T3 的亩产量、亩产值、均价相差不大，T3 略高，显著高于 T1 和 T4。综合考虑茄芯等级比率和产量、产值，4 月 20 日和 4 月 30 日均为 CX-14 的适宜移栽期。

表 8.4　不同移栽期 CX-14 晾制后的烟叶产量及等级结构

品种	处理	茄芯 1 级比率/%	茄芯 2 级比率/%	茄芯 3 级比率/%	茄芯 4 级比率/%	亩产量/kg	亩产值/元	均价/（元/kg）
CX-14	T1	12.6b	25.9b	33.8b	24.0b	130.6c	5354.2c	41.0a
	T2	17.7a	28.0a	33.8b	16.2c	150.7a	6263.1a	41.6a
	T3	16.1a	24.8b	35.6a	19.8c	152.0a	6287.5a	41.4a
	T4	9.3c	21.7c	34.5a	29.5a	144.8b	5794.3b	40.0b

由表 8.5 可知，对于 CX-26，T2 的茄衣比率最高，T1 的茄套和茄芯比率最高；虽然 T4 的亩产量在 4 个处理中最高，但是 T2 的亩产值和均价更加显著突出。综合考虑烟叶等级比率和产量、产值，对于作为雪茄烟茄衣叶品种的 CX-26，4 月 20 日为其最佳移栽期。

表 8.5　不同移栽期 CX-26 晾制后的烟叶产量及等级结构

品种	处理	茄衣比率/%	茄套比率/%	茄芯比率/%	亩产量/亩	亩产值/元	均价/(元/kg)
CX-26	T1	24.5c	49.5a	23.8a	120.9c	13192.0b	109.1c
	T2	46.9a	37.7c	11.9c	127.2b	17414.0a	136.9a
	T3	31.0c	47.0a	16.8b	127.5b	14823.6b	116.3b
	T4	37.0b	44.3b	16.2b	138.3a	17158.5a	124.1b

8.4.5　感官评吸质量

针对不同移栽期处理晾制后的 CX-14 和 CX-26 烟叶，从烟叶的香气质、烟气质、余味和燃烧特性 4 个方面进行感官评吸，由表 8.6 可知，对于 CX-14，总分表现为 T2＞T1＞T3＞T4，其中 T2 烟叶的香气质、烟气质、余味、燃烧特性在 4 个处理中评分均最高，表现为香气较醇香、烟气较醇和、余味较醇净、灰色白灰及燃烧性好。综合考虑感官评吸指标，4 月 20 日为 CX-14 的最佳移栽期。

对于 CX-26，T2 和 T3 的总分最高，两者在香气质、烟气质、余味和燃烧特性等方面平均秋色。综合来看，4 月 20 日和 4 月 30 日均为 CX-26 的适宜移栽期。

表 8.6　不同移栽期 CX-14 和 CX-26 晾制后烟叶的感官评吸质量　　单位：分

品种	处理	香气质(30)			烟气质(30)			余味(40)				燃烧特性(30)			总分(130)
		醇和度(10)	丰富度(10)	成熟度(10)	饱满度(10)	流畅度(10)	缠绵感(10)	甜润度(10)	刺激性(10)	干净度(10)	回味感(10)	燃烧性(10)	灰色(10)	凝灰度(10)	
CX-14	T1	4.5	4.5	4.5	6.0	5.0	5.0	5.0	5.5	5.5	5.5	6.0	6.0	6.0	69.0
	T2	5.0	5.0	5.0	6.0	5.0	5.0	5.5	5.5	5.5	5.5	6.0	6.0	6.0	71.0
	T3	5.0	5.0	4.5	6.0	5.0	5.0	5.0	5.0	5.0	5.0	6.0	6.0	6.0	68.5
	T4	4.5	4.0	4.0	6.0	5.0	5.0	5.0	4.0	4.0	4.0	6.0	6.0	6.0	63.5
CX-26	T1	5.0	5.0	5.0	5.0	5.0	5.0	4.0	5.0	4.5	4.5	6.0	6.0	6.0	66.0
	T2	5.5	5.5	5.0	5.5	5.0	5.5	5.0	5.5	5.0	5.0	6.0	6.0	6.0	70.5
	T3	5.5	5.0	5.5	5.0	5.5	5.5	5.0	5.0	5.5	5.0	6.0	6.0	6.0	70.5
	T4	5.0	5.0	5.0	5.0	5.0	5.0	4.0	5.0	4.5	4.5	6.0	6.0	6.0	66.0

注：质量评价各单项评分标准采用 10 分制，各档次间依实际给分，打分的最小单位为 0.5 分。

8.5　不同移栽期对恩施雪茄烟叶的影响

8.5.1　生育期

由表 8.7 可知，在恩施试验地，随着移栽期的推迟，烟株的各个生长期均往后推迟，整个生育期天数明显缩短。3 组处理的伸根期（移栽至团棵期）天数相近，在 34～36 d。不同处理的烟株旺长期（团棵至现蕾期）存在明显差异，T5、T6、T7 从团棵至现蕾期的天数分别为 23 d、

16 d、13 d，整个旺长期天数明显缩短，且移栽期每推迟 10 d，烟株的旺长期会缩短 3～7 d。从烟株现蕾至末采结束被称为烟株的成熟期，3 组处理在该时期的历时较为接近，为 40～43 d。4 月 20 日移栽，烟株的生育期为 98 d，4 月 30 日移栽，烟株的生育期缩短了 3 d，5 月 10 日移栽，整个生育期缩减为 89 d，比最初移栽明显缩短了 9 d。

表 8.7　不同移栽期对 CX-26 生育期的影响

处理	生长期(月-日)						天数/d			
	团棵	旺长	现蕾	初花	初采	末采	伸根期	旺长期	成熟期	整个生育期
T5	05-25	06-03	06-17	06-19	06-30	07-27	35	23	40	98
T6	06-05	06-11	06-21	06-23	07-02	08-05	36	16	43	95
T7	06-13	06-21	06-26	06-27	07-05	08-07	34	13	42	89

因此，随着移栽期的推迟，烟株的整个生育期将会缩短，缩短主要集中在旺长期。从图 8.8 可以看出，旺长期天数与该阶段的平均气温呈明显负相关，与累计降水量、日照时数以及相对湿度的相关较弱，说明烟株在该阶段的生长发育主要受气温影响，随着移栽期的推迟，气温逐渐升高，烟株生长速度加快，达到现蕾期的时间更短。积温作为雪茄烟叶生长过程中一个重要气象指标，其与气温具有高度的关联性，在旺长期 3 组处理的积温变化如图 8.9 所示，随着旺长期天数增加，活动积温及有效积温均增加，具体表现为 T5 处理≥10 ℃的活动积温为 573 ℃・d、有效积温为 343 ℃・d，T6 处理的活动积温为 430 ℃・d、有效积温为 270 ℃・d，T7 处理的活动积温为 363 ℃・d、有效积温为 232 ℃・d。

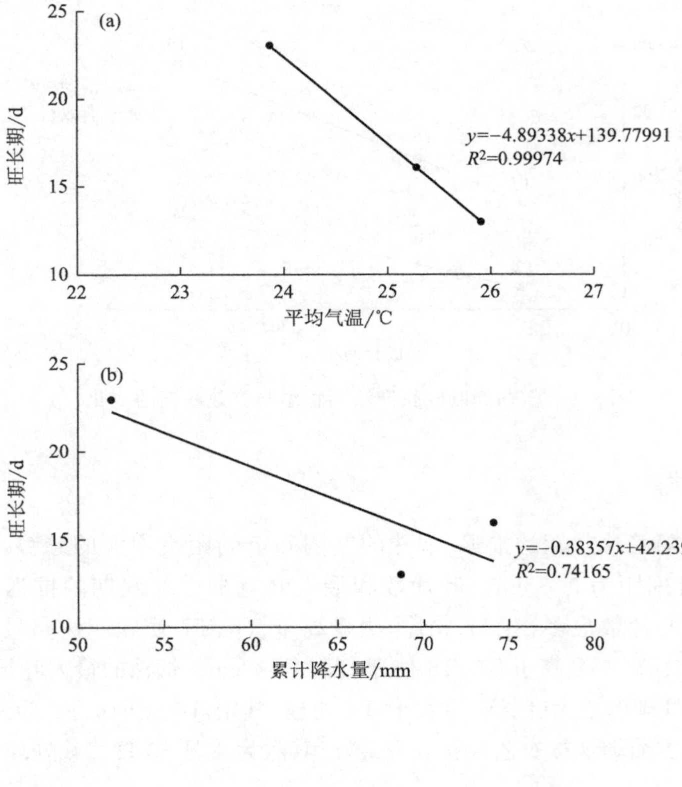

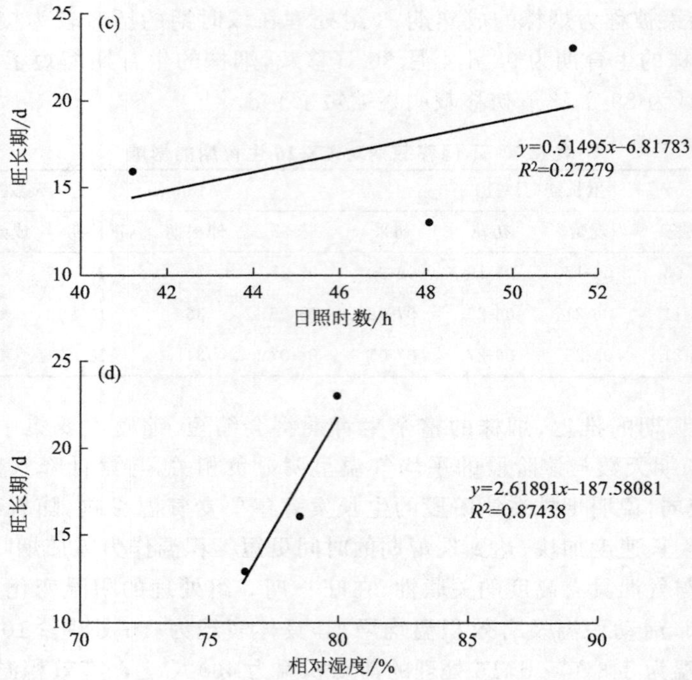

图 8.8　雪茄烟叶旺长期与各气象要素的关系

(a)平均气温；(b)累计降水量；(c)日照时数；(d)相对湿度

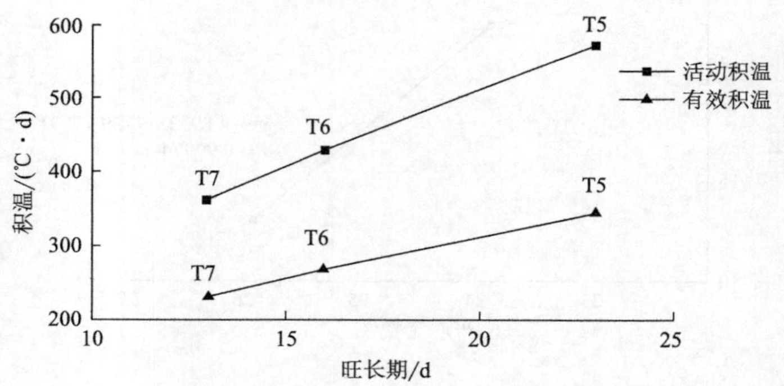

图 8.9　雪茄烟叶旺长期活动积温与有效积温的变化

8.5.2　农艺性状

由表 8.8 可知，随着移栽期的推迟，烟株的茎围和节间距有增大的趋势，T7 处理最明显，其茎围为 8.5 cm，叶间距为 9.0 cm。叶片数和最大叶宽随着移栽期的推迟有减少的趋势，4 月 20 日移栽的烟株叶片数最多，有 17.3 片，明显高于 T6、T7 处理。株高呈先减后增的变化趋势，T7 处理的烟株株高明显高于 T5、T6 处理，为 116.4 cm。烟株的最大叶长则呈现先增后减的变化趋势，T6、T7 处理的最大叶长明显大于 T5 处理，其中 T6 处理最长，为 48.9 cm。综合来看，4 月 20 日移栽的雪茄烟烟株农艺性状表现最好，其次为 4 月 30 日移栽处理的。

表 8.8 不同移栽期对烟株成熟期农艺性状的影响

处理	株高/cm	茎围/cm	节间距/cm	叶片数/片	最大叶长/cm	最大叶宽/cm
T5	112.7	7.0	6.9	17.3	44.6	25.9
T6	109.5	8.1	8.4	14.0	48.9	25.8
T7	116.4	8.5	9.0	14.1	48.1	25.3

8.5.3 不同烟叶产量及等级结构

由表 8.9 可知，随着移栽期的推迟，茄衣的比率逐渐下降，茄芯和茄套的占比逐渐上升。T5 处理的茄衣比率明显高于 T6、T7 处理，为 21.33%。CX-26 为雪茄烟茄衣品种，因此茄衣的比率会对产量及产值具有一定影响，表现为 T5 处理最佳。另外，均价表现为 T6＞T5＞T7，T7 处理的烟叶均价明显低于 T5、T6 处理。根据茄衣比率、产量、产值和均价等因素可以判断出，T5 处理的经济性状整体上表现最好，因此，在 4 月 20 日进行移栽能够获得更高的经济效益。

表 8.9 不同移栽期对烟叶产量及等级结构的影响

处理	茄衣比率/%	茄套比率/%	茄芯比率/%	产量/(kg/hm^2)	产值/(元/hm^2)	均价/(元/kg)
T5	21.33	37.32	24.98	1438.53	131890.25	90.56
T6	14.36	52.37	26.86	1283.36	119196.70	92.46
T7	9.98	36.34	42.79	1222.04	90867.77	75.32

8.5.4 外观质量

由表 8.10 可知，3 组处理的中部烟叶的外观质量差异不明显。烟叶颜色均呈中褐色，叶片结构较为疏松，油分足，均有较细的支脉，均有颗粒物，叶片均表现为平滑，但 T7 处理相较于前两组处理，均匀性较差，且 T6 和 T7 处理身份较薄，外观质量有所下降。综合认为 T5 处理的中部烟叶整体外观质量最好。

表 8.10 不同移栽期对 CX-26 晾制后外观质量的影响

处理	部位	类型	颜色	叶片结构	身份	油分	均匀性	支脉粗细	颗粒物	叶面
T5	中部	茄衣	中褐色	疏松	中等	足	均匀	较细	有	平
T6	中部	茄衣	中褐色	疏松	较薄	足	均匀	较细	有	平
T7	中部	茄衣	中褐色	疏松	较薄	足	较均匀	较细	有	平

8.5.5 感官评吸质量

由表 8.11 可知，不同处理下烟叶的香韵、杂气、香气的醇香感、烟气的醇和感、余味的醇净感、燃烧性和可感燃吸指标的协调性等得分相同或存在差异。随着移栽期的推迟，烟叶的评吸总分值呈现先增后减的变化趋势。T6 处理的烟叶评吸总分最高，达 50.5 分，烟叶香韵为清甜香和烘烤香，稍伴有蛋白质气息和枯焦气，与另外两组处理相比，香气的醇香感和烟气的醇和感更浓郁,余味更甜润,刺激性更小,残留更少,回味感更强,可感燃吸指标的协调性更好,且具有很好的燃烧性。T5 处理的烟叶主要表现为较淡的清甜香,且伴随少量的青杂气,余味略甜,残留较少,回味感强。T7 处理的烟叶伴随有青杂气和蛋白质气息,余味略苦涩,有明显残留,燃烧性及可感燃吸指标的协调性均较差。因此,4 月 20 日和 4 月 30 日移栽处理的烟叶评吸质量较好。

表 8.11　不同移栽期对 CX-26 烟叶感官评吸质量的影响

处理	香韵	杂气	香气的醇香感	烟气的醇和感	余味的醇净感				燃烧性	可感燃吸指标的协调性	评吸总分值
					甜润度	刺激性	干净度	回味感			
T5	清甜香	青杂气	9	9	3	4	4	4	11	3.0	47.0
T6	清甜香 烘烤香	蛋白质气息 枯焦气	11	10	4	3	4	4	11	3.5	50.5
T7	/	蛋白质气息 青杂气	8	9	2	4	2	3	6	2.5	36.5

8.6　不同种植密度对 CX-26 的影响

在恩施雪茄烟叶研究中,4 月 20 日移栽的烟株农艺性状最好,烟叶的产量及质量均达到最佳。因此,选择 4 月 20 日作为移栽期,探究 CX-26 最佳种植密度。

8.6.1　对农艺性状的影响

由表 8.12 可知,D5 处理的烟株最高、茎围最大,D1 处理的烟株最为矮小、茎围最小;6 组处理的烟株叶片数相近,在 16.0～16.5 片;最大叶长和叶宽均表现为 D5 处理最大、D1 处理最小。综合来看,种植密度选择 110 cm×50 cm 时,烟株的农艺性状表现最好。

表 8.12　不同种植密度对烟株成熟期农艺性状的影响

处理	株高/cm	茎围/cm	叶片/数	最大叶长/cm	最大叶宽/cm
D1	111.2	7.9	16.1	53.9	29.9
D2	119.4	8.2	15.9	57.4	32.1
D3	113.7	8.2	16.5	54.9	31.2
D4	113.1	8.1	16.4	55.0	31.7
D5	120.7	8.5	16.0	57.7	33.3
D6	113.4	8.5	16.3	56.5	33.1

8.6.2　对烟叶产量及等级结构的影响

由表 8.13 可知,D4 处理的茄衣比率最大,均价和产值均最高;D2 处理的产量最高;相比之下 D3 处理的产量、产值和均价均为最低。因此,可以判断出 D4 处理的经济性状整体上表现最好,能够获得较高的经济效益。

表 8.13　不同种植密度对烟叶产量及等级结构的影响

处理	茄衣比率/%	茄套比率/%	茄芯比率/%	产量/(kg/hm^2)	产值/(元/hm^2)	均价/(元/kg)
D1	23.79	41.67	27.90	1898.80	202129.69	106.69
D2	19.23	45.56	25.17	2151.72	216626.24	100.33
D3	19.27	42.16	32.52	1783.51	178836.43	99.96
D4	31.61	35.90	26.13	2031.18	234856.52	115.93
D5	28.06	37.23	27.12	1881.26	208218.89	110.22
D6	25.78	44.67	24.62	1890.10	212419.04	112.36

8.7　本章小结

丹江口试验结果表明，丹江口市习家店镇雪茄烟区分布在环丹江口库区周围，独特的地理位置以及良好的自然生态条件决定了该地具备生产优质雪茄烟叶的潜力。随着移栽期推迟，雪茄烟茄芯叶品种 CX-14 的大田期缩短，主要表现在伸根期和成熟期；株高、茎围、最大叶长和最大叶宽呈先增后减趋势，节间距呈增加趋势；上等茄芯和中等茄芯比率、亩产量、亩产值、均价以及烟叶感官质量评吸总分均呈先增后减趋势。茄衣叶品种 CX-26 的移栽越延迟，成熟期缩短越显著；株高呈减小趋势，茎围、节间距、最大叶长和最大叶宽呈先减后增趋势；茄衣、茄套和茄芯比率分配不均，亩产量、亩产值和均价呈波动变化；烟叶感官质量评吸总分呈先增后减趋势。综合评价，初步确定 CX-14 和 CX-26 以 4 月下旬移栽最为适宜。

恩施试验结果表明，恩施市崔坝镇的气候条件具有生产优质雪茄烟的潜力。随着移栽期的推迟，烟株旺长期明显缩短，主要与气温变化有关，气温升高会导致烟株生长加快，成熟期农艺性状变差，茄衣的比率、产量和产值均下降。结合外观质量和感官评吸，认为 4 月 20—30 日为恩施崔坝最佳移栽期。另外，随着种植密度的增大，烟株的株高、最大叶长和叶宽均表现为先增后减的变化趋势，其中 110 cm×50 cm 的种植密度使烟株农艺性状表现最好。适当增加行距和减小株距有利于提高 CX-26 的产量和产值，试验中 110 cm×40 cm 的种植密度能够获得更高的经济效益。

参考文献

白玉梅，韩会庆，郜红娟，等，2019. 气候变暖背景下贵州省烤烟种植有效积温时空演变研究[J]. 河南农业大学学报，53(3)：448-458.

蔡斌，耿召良，高华军，等，2019. 国产雪茄原料生产技术研究现状[J]. 中国烟草学报，25(6)：110-119.

蔡长春，邓环，赵云飞，等，2011. 湖北省植烟区生态气候因子的主成分分析和区域划分[J]. 烟草科技，55(2)：64-69.

陈家金，黄川容，孙朝锋，等，2016. 基于 GIS 的福建省烤烟气象灾害综合风险区划[J]. 中国农业气象，37(6)：711-719.

陈静，2013. 烟区气候因子与烟叶化学成分的相关性分析研究[J]. 安徽农学通报，19(8)：11-12.

陈小龙，段卫东，张展，等，2021. 移栽期对冬季烤烟上部烟叶致香成分和质量评价的影响[J]. 中国农学通报，37(22)：28-34.

陈政燕，2013. 基于 BP 神经网络的会理县气象因子对"红大"烟叶碱含量的预测分析[D]. 成都：四川农业大学.

邓小华，肖志君，齐永杰，等，2016. 种植密度和施氮量及其互作对湘南稻茬烤烟经济性状的效应[J]. 湖南农业大学学报(自然科学版)，42(3)：274-279.

杜明哲，鲁坦，朱玉周，等，2021. 1961—2019 年河南秋季连阴雨天气气候特征分析[J]. 气象与环境学报，37(4)：54-62.

杜鹏，李世奎，1997. 农业气象灾害风险评价模型及应用[J]. 气象学报，55(1)：95-102.

杜鹏，温福光，1995. 珠江三角洲主要热带果树农业气象灾害风险分析[J]. 应用气象学报，6(增刊 1)：26-32.

段连波，2019. 气象灾害对小麦产量的影响及防御对策[J]. 种子科技(3)：11，13.

郭芬芬，肖晶晶，张蕾，等，2016. 1961—2013 年中国农业界限温度的时空变化特征[J]. 生态学杂志，35(2)：489-498.

国家烟草专卖局，2002a. 烟草及烟草制品 总植物碱的测定 连续流动法：YC/T 160—2002[S]. 北京：中国标准出版社.

国家烟草专卖局，2002b. 烟草及烟草制品 总氮的测定 连续流动法：YC/T 161—2002[S]. 北京：中国标准出版社.

国家烟草专卖局，2007. 烟草及烟草制品 钾的测定 连续流动法：YC/T 217—2007 [S]. 北京：中国标准出版社.

国家烟草专卖局，2010. 烟草农艺性状调查方法：YC/T 142—2010 [S]. 北京：中国标准出版社.

国家烟草专卖局，2011. 烟草及烟草制品 氯的测定 连续流动法：YC/T 162—2011 [S]. 北京：中国标准出版社.

国家烟草专卖局，2019. 烟草及烟草制品 水溶性糖的测定 连续流动法：YC/T 159—2019 [S]. 北京：中国标准出版社.

贺升华，任炜，2001. 烤烟气象[M]. 昆明：云南科技出版社.

侯奇奇，杨柳，张秀琼，等，2021. 基于 GIS 的水稻气象灾害风险评估——以四川广元旺苍县为例[J]. 西南大学学报(自然科学版)，43(5)：35-45.

胡雪琼，徐梦莹，何雨芩，等，2016. 未来气候变化对云南烤烟种植气候适宜性的影响[J]. 应用生态学报，27(4)：1241-1247.

姬兴杰，孟寒冬，左旋，等，2017. 河南烟区主要气候因子与烤烟烟叶化学成分的关系[J]. 中国烟草科学，38

(1):35-41.

贾方方,张黎明,任天宝,等,2016. 基于BP神经网络的烟草叶片质体色素高光谱反演[J]. 烟草科技,49(7):8-13.

蒋文好,陈活泼,2021. CMIP6模式对亚洲中高纬区极端温度变化的模拟及预估[J]. 大气科学学报,44(4):592-603.

黎妍妍,王林,李锡宏,等,2015. 金神农烟区气候特征及其对烟叶品质的影响[J]. 中国烟草科学,36(3):13-18.

李迪,何凯,孙晶,等,2023. 气象灾害过程视角下社会脆弱性评估研究[J]. 内蒙古师范大学学报(自然科学汉文版),52(4):374-381.

李进平,高友珍,2005. 湖北省烤烟生产的气候分区[J]. 中国农业气象,26(4):250-255.

李蒙,朱勇,吉文娟,2012. 基于GIS的云南烟区冰雹灾害风险评价[J]. 中国农业气象,33(1):129-133.

李楠,焦庆宇,樊瑞,等,2021. 基于逐步回归法航空器滑行时间影响因素研究[J]. 计算机仿真,38(9):57-63.

李仁山,邓小华,陈冬林,等,2007. 湖南主产烟区烤烟气象灾害及应对措施[J]. 作物研究(2):111-113.

李文卿,陈顺辉,柯玉琴,等,2013. 不同移栽期对烤烟生长发育及质量风格的影响[J]. 中国烟草学报,22(4):48-54.

李湘阁,胡凝,2016. 实用气象统计方法[M]. 北京:气象出版社.

李效珍,鲁宇星,李子龙,等,2021. 晋北仁(肉)用杏晚霜冻害与气象因子和地理环境的关系分析[J]. 气象与环境科学,44(4):99-104.

李祎君,吕厚荃,2022. 气候变化背景下农业气象灾害对东北地区春玉米产量影响[J]. 作物学报,48(6):1537-1545.

林北森,高华军,郑倩,等,2023. 国内外雪茄烟主产区气候条件比较研究[J]. 热带作物学报,44(7):1515-1524.

林丽燕,陈正洪,李建平,等,2014. 影响鄂西烤烟外观和感官的关键气候指标分析[J]. 湖北农业科学,53(6):1318-1321.

刘冰,梁洪波,张海伟,等,2019. 江西烤烟香气成分特征及其与气象因子的关联分析[J]. 中国烟草科学,40(6):42-46.

刘冲,刘国顺,齐飞,2012. 临沧烟区不同移栽期下烤烟气候适生性评价及与国外优质烟区的相似性分析[J]. 江西农业学报,24(8):35-37.

刘国顺,2017. 烟草栽培学[M]. 北京:中国农业出版社.

刘华,张珍平,刘玉虹,等,2020. 未来烤烟种植对气候变化的响应与适应模拟[J]. 中国农学通报,36(9):69-74.

刘静,阳威,成丹,等,2022. 地表温度日较差对湖北烟区烤烟化学成分的影响[J]. 中国农学通报,38(20):97-104.

刘梦璇,陈琦,王绪泉,等,2021. 基于GA-BP神经网络的茶叶蔗糖量检测模型研究[J]. 半导体光电,42(6):879-884,890.

鹿莹,梁晓芳,管恩森,等,2014. 移栽时间对烤烟光合特性、产量和品质的影响[J]. 中国烟草科学,35(1):48-53.

罗登山,王兵,乔学义,2019.《全国烤烟烟叶香型风格区划》解析[J]. 中国烟草学报,25(4):1-9.

孟丹,陈正洪,李建平,等,2015. 气候变化背景下鄂西烟草种植气象风险评价与区划[J]. 中国烟草科学,36(4):50-55.

钱益亮,崔会会,邵伏文,等,2013. 有效积温对烤烟叶龄及成熟度的影响[J]. 中国烟草科学,34(6):15-19.

秦艳青,李爱军,范静苑,等,2012. 优质雪茄茄衣生产技术探讨[J]. 江西农业学报,24(7):101-103.

邵惠芳,郑聪,许自成,等,2011. 三门峡烟区烤烟气候适生性评价及与国外烟区的相似性分析[J]. 西南农业学报,24(1):35-37.

时鹏,申国明,向德恩,等,2012. 恩施烟区主要气候因子与烤烟烟叶化学成分的关系[J]. 中国烟草科学,33(4):13-16.

史培军,1991. 论灾害研究的理论与实践[J]. 南京大学学报(自然科学版),11(1):37-42.

史培军,2002. 三论灾害系统研究的理论与实践[J]. 自然灾害学报,11(3):1-9.

史培军,2005. 四论灾害系统研究的理论与实践[J]. 自然灾害学报,14(6):1-7.

孙敬国,张允政,孙光伟,等,2021. 湖北烟区气象因子对烟叶质量的影响-以恩施州利川市元堡乡为例[J]. 湖北农业科学,60(16):122-126,136.

孙延国,梁晓芳,许倩,等,2016. 移栽期对 NC55 叶片发生进程模拟模型建立[J]. 中国烟草科学,37(2):47-53.

孙延国,刘好宝,高华军,等,2019. 移栽期对海南雪茄外包皮烟叶生长发育及产量品质的影响[J]. 中国烟草科学,40(3):91-98.

谈丰,姜彤,方玉,2014. 龙岩市烟叶气象灾害风险评价与区划[J]. 南京信息工程大学学报(自然科学版),6(2):144-151.

唐宝琪,延军平,李英杰,2015. 华东地区≥10 ℃积温的时空演变特征[J]. 中国农业气象,36(6):674-682.

陶健,刘好宝,辛玉华,等,2016. 古巴 Pinar del Rio 省优质雪茄烟种植区主要生态因子特征研究[J]. 中国烟草学报,22(4):62-69.

王春乙,张继权,霍治国,等,2015. 农业气象灾害风险评估研究进展与展望[J]. 气象学报,(1):1-19.

王得强,许自成,毕庆文,等,2012. 湖北十堰烟区不同海拔高度烤烟气候适生性分析[J]. 江西农业学报,24(10):118-121.

王记芳,左璇,朱业玉,2021. 1961—2019 年河南省寒潮时空分布及其对农业的影响[J]. 气象与环境科学,44(4):8-15.

王楠,2019. 烟草 BR 信号通路与成花相关基因在花芽分化响应苗期低温中的表达分析[D]. 重庆:西南大学.

王祥,淮建军,2020. 基于三级分层框架的农业气象灾害多风险评估[J]. 自然资源学报,35(6):202-213.

王小川,史峰,郁磊,等,2013. MATLAB 神经网络 43 个案例分析[M]. 北京:气象出版社.

王秀珍,景元书,谢新乔,等,2020. 玉溪烤烟低温冷害风险评价与区划[J]. 河南农业大学学报,54(4):704-710.

王雅琳,董晓华,喻丹,等,2023. 基于 MIROC 气候模式的统计降尺度偏差订正方法及在雅砻江流域的应用[J]. 中国农村水利水电,65(6):66-73,78.

王彦亭,谢剑平,李志宏,等,2010. 中国烟草种植区划[M]. 北京:科学出版社.

王跃能,李大肥,李鹏飞,等,2018. 文山烟区海拔和气象因子对烟叶化学成分的影响[J]. 广东农业科学,45(10):23-29.

文建川,景元书,2019. 烟草化学成分与气象因子关系研究进展[J]. 河南农业科学,48(4):1-8.

吴璐,刘晓迎,2020. 河南烟区烤烟生育期地表温度日较差变化对烤烟化学品质指标的影响[J]. 气象与环境科学,43(1):18-25.

吴亚坤,刘广明,杨劲松,等,2013. 基于反距离权重插值的土壤盐分三维分布解析方法[J]. 农业工程学报,29(3):100-106,296.

向竣文,张利平,邓瑶,等,2021. 基于 CMIP6 的中国主要地区极端气温/降水模拟能力评估及未来情景预估[J]. 武汉大学学报(工学版),54(1):46-57,81.

肖协忠,1997. 烟草化学[M]. 北京:中国农业出版社.

谢文强,王双双,延晓冬,2022. CMIP6 全球气候模式对中国年平均日最高气温和最低气温模拟的评估[J]. 气候与环境研究,27(1):63-78.

谢幽兰,2018. 湖北省油菜花角期渍害指标及时空分布规律研究[D]. 武汉:华中农业大学.

许自成,黎妍妍,毕庆文,等,2008. 湖北烟区烤烟气候适生性评价及与国外烟区的相似性分析[J]. 生态学报,28(8):3832-3838.

闫伸,符云鹏,景沙沙,等,2014. 豫中烟区烤烟移栽期和成熟度与质体色素及降解产物的关系[J]. 中国烟草科学,35(2):43-58.

杨佳琦,郭建斌,汤明华,等,2022. 基于遗传算法优化 BP 神经网络的石漠化区土壤水分动态预测模型[J]. 中国水土保持科学(中英文),20(3):109-118.

于灏,周筠珺,李倩,等,2020. 基于 CMIP5 模式对四川盆地湿季降水与极端降水的研究[J]. 高原气象,39(1):68-79.

张波,王树声,史万华,等,2010. 凉山烟区气象因子与烤烟烟叶化学成分含量的关系[J]. 中国烟草科学,31(3):13-17.

张东启,郭卢,钱益亮,等,2014. 烤烟叶片发生、成熟与有效积温的关联分析[J]. 中国农学通报,30(10):105-110.

张继权,冈田宪夫,多多纳裕一,2006. 综合自然灾害风险管理—全面整合的模式与中国的战略选择[J]. 自然灾害学报,1(1):29-37.

张继权,李宁,2007. 主要气象灾害风险评价与管理的数量化方法及其应用[M]. 北京:北京师范大学出版社.

张继权,严登华,王春乙,等,2012. 辽西北地区农业干旱灾害风险评价与风险区划研究[J]. 防灾减灾工程学报,32(3):300-306.

张丽霞,陈晓龙,辛晓歌,2019. CMIP6 情景模式比较计划(ScenarioMIP)概况与评述[J]. 气候变化研究进展,15(5):519-525.

张瑞娜,王俊,陈勇,等,2017. 移栽期对德阳新品种雪茄烟叶生长发育及产质量的影响[J]. 安徽农业科学,45(18):27-30.

张阳,屠乃美,陈舜尧,等,2020. 气候因子对湘东茶陵烟区烤烟氯、钾含量的影响[J]. 中国烟草科学,41(5):60-67.

赵碧云,何盛浩,王东仙,2019. 荆门市连阴雨气候特征及其对农业的影响[J]. 湖北农业科学,58(20):56-62.

赵锦,杨晓光,刘志娟,等,2010. 全球气候变暖对中国种植制度可能影响Ⅱ. 南方地区气候要素变化特征及对种植制度界限可能影响[J]. 中国农业科学,43(9):1860-1867.

郑治斌,刘可群,2020. 湖北省干旱灾害特征及其影响分析[J]. 湖北农业科学,59(8):35-40.

中国农业科学院烟草研究所,2005. 中国烟草栽培学[M]. 上海:上海科学技术出版社.

中国气象局,2016. 烤烟气象灾害等级:QX/T 363—2016[S]. 北京:气象出版社.

钟楚,李蒙,朱勇,2013. 基于气象因子影响的云南烤烟主要化学成分预测[J]. 西南农业学报,26(2):535-540.

朱安琪,景元书,胡保文,等,2021. 玉溪烤烟"K326"主要化学成分生态预测模型[J]. 中国生态农业学报(中英文),29(5):880-889.

LI Y,YAO N,CHAU H W,2017. Influences of removing linear and nonlinear trends from climatic variables on temporal variations of annual reference crop evapotranspiration in Xinjiang,China[J]. Science of the Total Environment,592:680-692.

NGIGI S N,SAVENIJE H H G,ROCKSTRÖM J,et al,2005. Hydro-economic evaluation of rainwater harvesting and management technologies:Farmers' investment options and risks in semi-arid Laikipia district of Kenya[J]. Physics and Chemistry of the Earth,Parts A/B/C,30(11-16):772-782.

SHAW R,MALLICK F,ISLAM A,et al,2013. Disaster Risk Reduction Approaches in Bangladesh[M]. New York,NY:Springer.

附录A 湖北省雪茄烟叶农业气象服务技术实用手册

由于气候差异，鄂西南雪茄烟区和鄂西北雪茄烟区烟叶的种植时间、主要气象灾害及防御策略存在差异。为了方便应用，《湖北省雪茄烟叶农业气象服务技术实用手册》将分为南、北两个片区进行编制。其中，主要烟区(乡镇)的气候条件采用现有区域站和烟草气象观测站资料，结合国家站资料进行分析。

由于目前大部分烟草种植区无农业气象监测站，区域站和烟草气象观测站也较稀疏，不能完全代表种植区气候条件。在对作物生长三要素光、温、水条件进行分析时，光照由于区域站和部分烟草气象观测站无资料，可采用国家站资料大致估算；气温采用周边区域站和烟草气象观测站实际观测资料，结合烟区实际海拔高度，按照气温直减率−0.65 ℃/(100 m)计算得到，若资料缺测或出现异常值，则采用国家站资料进行内插订正；降水采用领域类比法，直接使用周边区域站和烟草气象观测站资料代替，过程中根据周边站点数据去掉奇异值。

A.1 鄂西南片区月生育动态及气象服务

A.1.1 1月生育动态及服务

(1)生育动态

无生育动态。

(2)农事安排

对染病土壤进行处理，或选择当年未感染病虫害田块，为烟叶大田移栽做好准备。做好播种计划，做好播种育苗前相关物资准备、业务技术培训等工作。

(3)主要气象要素均值、极值(表A.1)

表A.1 1月来凤县不同海拔烟区主要气象要素值

海拔高度/m	代表站点	时段	日照时数/h			气温/℃			降水/mm		
			均值	最多	最少	均值	极端最高	极端最低	均值	最多	最少
450～600	来凤	上旬	12.2	54.6	0.0	5.1	20.1	−5.7	11.5	72.9	0.0
		中旬	10.6	61.0	0.0	4.7	21.1	−5.7	9.1	42.2	0.0
		下旬	16.3	54.3	0.0	4.7	19.0	−8.3	11.7	53.2	0.0
		月	40.2	86.8	4.1	4.7	21.1	−8.3	32.4	103.3	0.1

续表

海拔高度/m	代表站点	时段	日照时数/h			气温/℃			降水/mm		
			均值	最多	最少	均值	极端最高	极端最低	均值	最多	最少
600～800	五台	上旬				3.2	14.9	−6.7	31.8	90.6	19.3
		中旬				3.4	19.2	−4.9	7.9	9.3	5.3
		下旬				2.6	16.3	−6.2	17.0	48.3	7.6
		月				3.1	19.2	−6.7	60.0	133.1	28.1
800～1000	牡丹坪 黄柏园	上旬				2.7	14.8	−6.7	33.1	92.2	5.6
		中旬				3.0	18.1	−5.1	6.8	11.0	3.9
		下旬				2.8	18.9	−5.4	20.1	34.1	7.1
		月				2.8	18.9	−6.7	52.1	144.2	2.8

注：①国家站均值资料为1991—2020年，极值资料为1954年建站至2022年；②区域站资料为2016—2022年，由于年限短，均值和极值均仅供参考，下同。

(4)1月主要农业气象灾害

低温雨雪和冰冻。

(5)农业气象条件利弊分析及农事建议

有利条件：晴雨相间天气，能保持土壤适宜的相对湿度，无强雨雪冰冻危害。

不利条件：强雨雪、强冷空气带来的大风天气对农业大棚等设施可能造成损毁。

农事建议：及时清扫大棚积雪，加固大棚，防止大棚倒塌。

A.1.2　2月生育动态及服务

(1)生育动态

无生育动态。

(2)农事安排

持续1月工作，对计划种植烟叶大田进行土壤优化处理，为后期烟叶大田移栽做好准备。做好大棚消毒清扫等准备工作，为3月播种育苗做好准备。做好育苗物资准备，同时开展相关业务技术培训工作。

(3)主要气象要素均值、极值(表A.2)

表A.2　2月来凤县不同海拔烟区主要气象要素值

海拔高度/m	代表站点	时段	日照时数/h			气温/℃			降水/mm		
			均值	最多	最少	均值	极端最高	极端最低	均值	最多	最少
450～600	来凤	上旬	14.8	41.2	0.3	5.8	23.7	−4.6	9.3	38.8	0.0
		中旬	14.5	64.8	0.2	7.0	26.5	−3.5	16.4	74.3	0.1
		下旬	10.5	43.4	1.0	8.1	27.4	−3.8	17.4	57.8	0.0
		月	43.1	127.0	6.5	6.4	27.4	−4.6	43.1	97.4	1.2

续表

海拔高度/m	代表站点	时段	日照时数/h			气温/℃			降水/mm		
			均值	最多	最少	均值	极端最高	极端最低	均值	最多	最少
600～800	五台	上旬				3.6	21.0	−5.2	32.3	65.9	1.1
		中旬				5.3	22.0	−2.6	17.6	43.0	11.0
		下旬				6.0	26.6	−2.9	1.3	57.0	1.3
		月				4.9	26.6	−5.2	44.0	92.2	21.8
800～1000	牡丹坪 黄柏园	上旬				3.2	18.1	−5.9	15.9	31.5	1.0
		中旬				3.8	21.7	−5.9	12.4	15.0	9.7
		下旬				5.6	25.9	−3.7	15.8	53.2	0.1
		月				4.2	25.9	−5.9	48.1	116.2	7.2

(4)2月主要农业气象灾害

低温雨雪和冰冻。

(5)农业气象条件利弊分析及农事建议

有利条件:晴雨相间天气,能保持土壤适宜的相对湿度,无强雨雪冰冻危害。

不利条件:强雨雪、强冷空气带来的大风天气对农业大棚等设施可能造成损毁。

农事建议:及时清扫大棚积雪,加固大棚,防止大棚倒塌。

A.1.3 3月生育动态及服务

(1)生育动态

播种育苗期(图 A.1～A.3)。3月上旬开始陆续进入播种期,一般10～15 d后(即3月中下旬)出苗。

图 A.1 集约化大棚漂浮育苗

图 A.2　雪茄烟叶播种

图 A.3　雪茄烟叶出苗

播种日期：海拔 400～600 m，3 月 1—10 日；海拔 600～800 m，3 月 5—15 日；海拔 800～1000 m，3 月 8—18 日；海拔 1000～1200 m，3 月 8—18 日。

(2)农事安排

①加固大棚，为播种育苗做准备。②准备苗盘基质，做到搅拌均匀，湿度适宜。③基质装盘和播种，保证每一个育苗孔里都有种子，相关操作严格按照技术标准执行。④播种完毕的育苗盘漂浮放置于营养池，预计 10 d 左右开始发芽。⑤育苗期(50 d 左右)落实育苗技术规程，加强苗床温湿度管理和出苗后营养管理，注意通风，保持棚内温度 18～25 ℃，最高温度不超过 30 ℃，相对湿度 70%左右。

(3)主要气象要素均值、极值(表 A.3)

表 A.3　3月来凤县不同海拔烟区主要气象要素值

海拔高度/m	代表站点	时段	日照时数/h			气温/℃			降水/mm		
			均值	最多	最少	均值	极端最高	极端最低	均值	最多	最少
450～600	来凤	上旬	21.5	61.2	1.6	9.2	28.9	−2.0	17.0	106.2	0.0
		中旬	21.3	78.1	0.6	11.1	29.3	0.0	19.0	78.1	0.2
		下旬	26.3	69.8	0.8	12.5	31	0.0	30.9	77.9	4.5
		月	72.2	195.7	21.6	10.7	31	−2.0	66.9	150.3	15.1
600～800	五台	上旬				8.6	27.1	−1.0	0.2	157.7	0.2
		中旬				11.0	29.1	−0.5	25.3	63.7	0.7
		下旬				10.9	28.7	0.6	68.6	68.6	33.9
		月				10.3	29.1	−1.0	90.7	137.1	39.0
800～1000	牡丹坪 黄柏园	上旬				7.3	28.4	−0.7	32.1	72.5	13.9
		中旬				10.0	28.3	−1.8	24.0	62.6	0.3
		下旬				10.6	27.3	0.5	43.8	59.6	27.2
		月				9.3	28.4	−1.8	95.3	251.9	19.1

(4)3月主要农业气象灾害

①连续5 d以上(低温)连阴雨。②晚霜冻(倒春寒)天气,连续3 d平均气温低于12 ℃。③土壤过湿渍害。④局部冰雹、大风等强对流天气。

(5)农业气象条件利弊分析及农事建议

有利条件:晴雨相间天气,能保持土壤和空气适宜的相对湿度,无强对流、倒春寒等灾害天气危害。

不利条件:冰雹、大风等强对流天气及强冷空气带来的大风天气对农业大棚等设施可能造成损毁;连续低温连阴雨天气和强冷空气影响,气温骤降。

农事建议:加固大棚,防止大棚倒塌;烟苗保温防寒。

A.1.4　4月生育动态及服务

(1)生育动态

生根期、成苗期、移栽期(图 A.4～A.6)。

生根期:海拔400～600 m,4月10—15日;海拔600～800 m,4月15—20日;海拔800～1000 m,4月20—25日;海拔1000～1200 m,4月20—25日。

成苗期:海拔400～600 m,4月10—20日;海拔600～800 m,4月20—30日;海拔800～1000 m,4月20—30日;海拔1000～1200 m,4月20—30日。

移栽期:海拔400～600 m,4月20—30日;海拔600～800 m,4月25日—5月5日;海拔800～1000 m,5月1—10日;海拔1000～1200 m,5月5—15日。

(2)农事安排

①依据烟苗长势适时追肥,大棚育苗盘加注营养液,促苗壮苗,确保培育壮健苗移栽。

图 A.4　雪茄烟叶生根期(第 5 片真叶开始出现)

图 A.5　雪茄烟叶成苗期(有一定苗型)

图 A.6　雪茄烟叶大田移栽

②整地起陇,为烟叶移栽做准备。要求土地平整疏松,做到高垄深沟无积水。起垄一般在移栽前进行,起垄时按照规定的行距确定起垄位置,做到垄直沟平,深浅一致,便于排灌。平地南北走向起垄,缓坡地沿等高线起垄。垄距根据地势和地力情况为 110～120 cm,垄高 25～35 cm,垄体饱满,表面平整呈龟背状。③移栽时应做到施好肥、浇足水、行直棵匀,烟苗直立、深栽。单行种植,行株距(110～120)cm×35 cm,栽烟密度以 1600～1800 株/亩为宜。茄衣种植要根据株型和叶片大小,行株距 120 cm×(35～40)cm,栽烟密度以 1400～1600 株/亩为宜。

(3)主要气象要素均值、极值(表 A.4)

表 A.4　4 月来凤县不同海拔烟区主要气象要素值

海拔高度/m	代表站点	时段	日照时数/h			气温/℃			降水/mm		
			均值	最多	最少	均值	极端最高	极端最低	均值	最多	最少
450～600	来凤	上旬	25.1	72.6	1.3	14.7	31.5	−0.2	35.2	96.7	2.4
		中旬	34.5	74.9	6.3	16.5	32.9	3.4	40.0	155.0	2.4
		下旬	36.2	73	3.4	18.1	35.4	5.6	42.7	182.2	0.0
		月	95.3	160.5	39.9	16.2	35.4	−0.2	117.8	268.1	30.9
600～800	五台	上旬				13.3	33.9	4.9	16.9	103.9	15.9
		中旬				14.8	32.2	4.1	58.9	141.1	12.6
		下旬				16.2	35.7	5.9	68.6	117.7	15.9
		月				14.8			148.6	294.0	94.4
800～1000	牡丹坪 黄柏园	上旬				12.7	31.4	3.2	33.1	76.5	8.5
		中旬				14.0	30.1	3.7	52.9	134.3	17.6
		下旬				15.3	32.5	4.2	62.6	146.4	20.3
		月				14.0			151.9	282.8	62.7

(4)4 月主要农业气象灾害

①连续 5 d 以上(低温)连阴雨。②4 月上旬晚霜冻(倒春寒)天气，连续 3 d 平均气温低于 12 ℃。③土壤过湿渍害。④局部冰雹、大风等强对流天气。⑤局部强降雨。

(5)农业气象条件利弊分析及农事建议

有利条件:①晴雨相间天气，能保持土壤和空气适宜的相对湿度，无强对流、强降水、连阴雨等灾害天气危害。②移栽前保持棚内适宜温度 22～25 ℃，最高不超过 30 ℃；棚内相对湿度保持在 60%～70%。③适时移栽，气温稳定通过 12 ℃，地温达到 9 ℃以上。

不利条件:①冰雹、大风等强对流天气及强降水天气对农业大棚等设施可能造成损毁。②移栽后连续 5 d 及以上低温连阴雨天气导致土壤过湿滞害。③4 月上旬受强冷空气影响，气温骤降，连续 3 d 平均气温低于 12 ℃，达到倒春寒标准。

农事建议:①加固大棚，防止大棚倒塌。②遇阴雨水涝，注意清沟排渍。③抓住"冷尾暖头"抢晴移栽烟苗。

A.1.5　5 月生育动态及服务

(1)生育动态

移栽期(海拔 600 m 以上区域)、团棵期(图 A.7)。

移栽期:海拔 600～800 m，4 月 25 日—5 月 5 日；海拔 800～1000 m，4 月 25 日—5 月 5 日；海拔 1000～1200 m，5 月 5—15 日。

团棵期:海拔 400～600 m，4 月 30 日—6 月 5 日；海拔 600～800 m，5 月 3 日—6 月 10 日；海拔 800～1000 m，5 月 10 日—6 月 15 日；海拔 1000～1200 m，5 月 10 日—6 月 20 日。

(2)农事安排

① 海拔 600 m 以上烟区 5 月 15 日前全部移栽完毕，移栽宜选在阴天、雨后转晴或晴天的

图 A.7 雪茄烟叶团棵期

早上和傍晚。②烟叶移栽后的大田管理，一是及时查苗补苗，移栽后烟叶进入缓苗成活期，根据烟叶成活情况及时补苗。二是严格追施肥，分阶段定量追施肥料，多雨天气时建议干施追肥。三是科学控水促根，针对5月多雨天气，及时清理、疏通“三沟一渠”，加强田间排水，田间水分含量控制在土壤最大持水量的60%左右为宜，促进根系生长。四是注重病虫防控，针对烟青虫、斜纹夜蛾、烟蚜、病毒病等重点防控对象，以农业防治为基础，合理运用化学防治、生物防治、物理防治等措施，经济、安全、有效控制病虫害。五是及时中耕培土，提前安排检修、调试培土机械，筹备大培土技术培训现场会，视天气状况与烟株长势，及时开展中耕大培土，促进烟株生长。

(3)主要气象要素均值、极值(表A.5)

表 A.5 5月来凤县不同海拔烟区主要气象要素值

海拔高度/m	代表站点	时段	日照时数/h			气温/℃			降水/mm		
			均值	最多	最少	均值	极端最高	极端最低	均值	最多	最少
450～600	来凤	上旬	34.8	77.1	2.7	19.8	35.3	7.4	61.5	138.8	6.9
		中旬	36.4	75.5	0.8	20.5	36.4	8.6	55.9	154.8	1.5
		下旬	37.2	74.5	2.1	21.5	35.8	12.1	73.2	237.7	7.1
		月	110.7	181.4	49.3	20.5	36.4	7.4	190.6	371.4	77.9
600～800	五台	上旬				18.4	35.4	8.6	70.9	150.7	32.9
		中旬				22.3	34.9	8.7	95.8	164.5	32.5
		下旬				25.1	35.4	11.2	91.6	203.8	25.9
		月				18.4			234.6	321.9	117.9
800～1000	牡丹坪 黄柏园	上旬				17.2	34.1	7.3	74.6	149.7	27.5
		中旬				17.8	32.2	7.9	79.8	166.0	31.2
		下旬				18.2	32.8	9.8	80.2	160.7	31.6
		月				17.8			221.5	369.1	117.1

(4)5月主要农业气象灾害

①强降水。②连续5 d以上(低温)连阴雨。③土壤过湿渍害。④局部冰雹、大风等强对流天气。

(5)农业气象条件利弊分析及农事建议

有利条件：①晴雨相间天气，能保持土壤和空气适宜的相对湿度，无强对流、强降水、连阴雨等灾害天气危害。②平均气温稳定通过15 ℃以上，极端高温低于32 ℃，光照充足。

不利条件：①冰雹、大风等强对流天气对烟苗的危害。②低温连阴雨天气下土壤过湿渍害引起烟苗发育迟缓、僵苗和病虫害。③下旬有可能出现高温干热风危害。

农事建议:①遇有低温阴雨,及时提醒烟农清沟沥水,并推迟揭膜。②适时开展人工消雹和增雨作业工作。③根据气候预测,提前做好病虫害防治准备。

A.1.6 6月生育动态及服务

(1)生育动态

图 A.8 雪茄烟叶旺长期

团棵期、旺长期。当幼苗适应了大田环境后,不同海拔区域烟叶先后从团棵期进入旺长期(图A.8)。

旺长期:海拔 400～600 m,6 月 5—30 日;海拔 600～800 m,6 月 10 日—7 月 10 日;海拔 800～1000 m,6 月 15 日—7 月 15 日;海拔 1000～1200 m,6 月 20 日—7 月 15 日。

(2)农事安排

①适时揭膜培土、除草、施肥。②旺长期是烟叶需水最多时期,6 月雨水较多,中下旬进入降水集中期,一般能满足需求。注意做好雨季防洪排涝工作,保障烟田无积水。③烟株固定防倒伏。烟株旺长后期,高度约 120 cm,每株烟用 180 cm 以上竹竿绑株固定。

(3)主要气象要素均值、极值(表 A.6)

表 A.6 6 月来凤县不同海拔烟区主要气象要素值

海拔高度/m	代表站点	时段	日照时数/h			气温/℃			降水/mm		
			均值	最多	最少	均值	极端最高	极端最低	均值	最多	最少
450～600	来凤	上旬	33.3	91.1	0.8	23.0	36.6	14	73.0	210.6	1.7
		中旬	34.6	104.3	2.2	24.0	36.8	14.7	63.1	193.6	0.0
		下旬	35.2	89.7	1.1	25.0	37.0	15	85.6	336.3	1.4
		月	104.7	185.5	32.2	23.9	37.0	14	221.8	584.5	74.7
600～800	五台	上旬				21.0	35.0	12.8	63.1	119.6	0.8
		中旬				21.7	34.6	15.2	132.8	180.0	44.7
		下旬				23.0	36.4	16.1	134.0	372.8	16.6
		月				22.3			340.0	626.1	168.4
800～1000	牡丹坪 黄柏园	上旬				20.7	33.9	11.0	75.7	162.0	0.0
		中旬				21.6	34.1	12.3	128.2	210.6	64.6
		下旬				22.5	35.4	15.1	136.1	415.5	18.1
		月				21.6			273.0	547.6	78.8

(4)6月主要农业气象灾害

①暴雨洪涝。②集中强降雨(江淮梅雨期)。③高温高湿,光照不足。④冰雹、大风等强对流天气。

(5)农业气象条件利弊分析及农事建议

有利条件:①平均气温20～25 ℃,最高气温34 ℃以下。②伸根期需水稍少,墒情保持在50%～60%,利于伸根。旺长期需水较多,月降水100～150 mm,田间持水量70%～80%。

不利条件:①暴雨洪涝灾害造成烟苗渍涝和农田设施损毁。②雨水过多,日照不足,易造成烟株早衰,滋生病害,还会导致烟叶表面所分泌的芳香物流失,使烟叶香气不足。

农事建议:①做好烟叶烟苗田间管理,及时清沟培土,遇洪涝灾害时及时排涝,排涝后及时追肥、中耕培土,促进烟株迅速恢复生长,减少损失。②适时开展人工消雹和增雨作业工作。③根据气候预测,提前做好病虫害防治准备。

A.1.7　7月生育动态及服务

(1)生育动态

旺长期、成熟采收期(图A.9～A.12)。7月海拔600 m以下地区烟叶进入成熟采收期,海拔600 m以上烟区陆续从旺长期进入成熟采收期。

图A.9　雪茄烟叶成熟期

图A.10　茄衣盛花打顶期

图A.11　雪茄烟叶采收

图A.12　雪茄烟叶晾挂

成熟采收期:海拔400～600 m,6月25日—8月20日;海拔600～800 m,7月5日—8月31日;海拔800～1000 m,7月5日—9月5日;海拔1000～1200 m,7月10日—9月20日。

(2)农事安排

①打顶抹杈。根据雪茄烟叶的用途和类型、品种特性以及土壤肥力和大田生长期等因素,对成熟期烟叶进行打顶抹杈,防止开花和腋芽生长消耗过多的养分。②病虫害防治。时刻关注烟叶生长情况,及时防治病虫害,大田期病害主要有霜霉病和病毒病等,虫害主要包括烟青虫和蚜虫。③烟叶采收晾挂。达到采收标准后由下至上采收,每次采2～3片,每隔7 d左右采收一次。晴天早晨9点以后采收,雨天不采收,保证烟叶进入晾房时表面无水渍、水珠,当日采收的烟叶必须当日编(穿)烟晾挂。采收后,要将烟叶移到阴凉低温处,不能在烈日下暴晒(避免烟叶急变青),也不能淋雨(避免烟叶发霉变质)。采收搬运各个环节要小心谨慎,不损伤、划破、刺穿、折叠、按压烟叶,确保烟叶自然、完整。

(3)主要气象要素均值、极值(表A.7)

表A.7 7月来凤县不同海拔烟区主要气象要素值

海拔高度/m	代表站点	时段	日照时数/h			气温/℃			降水/mm		
			均值	最多	最少	均值	极端最高	极端最低	均值	最多	最少
450～600	来凤	上旬	48.9	109.7	11.4	26.4	38.8	17.7	70.0	237.5	0.0
		中旬	68.7	112.5	11.7	27.1	38.9	16.1	66.8	479.0	0.3
		下旬	150.1	230.8	68.2	26.5	38.9	16.1	227.7	614.4	14.1
		月				23.9	36.5	16.1	100.1	253.8	1.7
600～800	五台	上旬				25.0	37.1	17.5	149.5	311.1	22.8
		中旬				26.2	37.0	18.8	52.0	152.7	16.5
		下旬				25.1			315.6	594.6	97.6
		月				23.4	34.5	16.0	104.3	245.9	4.8
800～1000	牡丹坪 黄柏园	上旬				23.9	35.9	16.3	171.1	393.5	30.3
		中旬				25.0	36.6	17.4	40.2	96.2	3.6
		下旬				24.2			245.9	666.0	49.0
		月	48.9	109.7	11.4	26.4	38.8	17.7	70.0	237.5	0.0

(4)7月主要农业气象灾害

①暴雨洪涝。②高温伏旱。③冰雹、大风等强对流天气。

(5)农业气象条件利弊分析及农事建议

有利条件:①月平均气温22～27 ℃,最高气温34 ℃以下。②月降水150～250 mm,分布均匀。旺长期田间持水量保持80%左右,需水量较多,成熟期田间持水量保持在70%左右,需水量相对较少。③光照较充足。④无连阴雨和长时间高温干旱。

不利条件:①高温伏旱(最高气温超过35 ℃,持续干旱少雨,最高气温大于35 ℃以上,相对湿度小于60%,且持续时间大于5 d)。②冰雹、大风等强对流天气。③强降水导致洪涝灾害。④高温高湿导致病虫害流行。

农事建议:①加强田间管理,清沟排涝,遮光降温。②防治雨后高温导致烟叶叶片腐烂。

③防范暴雨洪涝损毁农业设施和烟田。④及时调整烟杆，防止持续高温或者持续阴雨造成晾房内烟叶急干或者霉烂。

A.1.8 8月生育动态及服务

(1)生育动态

成熟采收期(图A.13)。8月中旬末海拔600 m以下地区烟叶成熟采收基本结束，海拔600 m以上烟区处于成熟采收高峰期。

成熟采收期：海拔400～600 m，6月25日—8月20日；海拔600～800 m，7月5日—8月31日；海拔800～1000 m，7月5日—9月5日；海拔1000～1200 m，7月10日—9月20日。

图A.13 采收晾挂好的雪茄烟叶

(2)农事安排

①打顶抹杈。对高海拔烟区烟叶进行打顶抹杈，防止开花和腋芽生长消耗过多的养分。②病虫害防治。持续7月工作，搞好烟田后期管理，重点预防烟叶赤星病、黑茎病、青枯病。③烟叶采收晾挂。持续7月工作，及时采摘烟叶，不采生叶、不漏熟叶。④做好烟叶下秆保管工作。

(3)主要气象要素均值、极值(表A.8)

表A.8 8月来凤县不同海拔烟区主要气象要素值

海拔高度/m	代表站点	时段	日照时数/h			气温/℃			降水/mm		
			均值	最多	最少	均值	极端最高	极端最低	均值	最多	最少
450～600	来凤	上旬	58.8	117.5	19.4	26.9	39.1	17.4	38.2	192.7	0.0
		中旬	55.5	108.7	6.3	26.1	40.1	15.0	52.1	191.9	0.0
		下旬	59.0	114.1	17.1	25.3	38.9	16.3	54.6	231.1	0.1
		月	173.3	276.3	85.5	26.2	40.1	15.0	144.9	453.4	13.5
600～800	五台	上旬				26.0	38.2	19.4	71.3	225.2	11.9
		中旬				25.7	39.6	18.5	87.7	364.8	0.0
		下旬				24.6	37.6	14.5	64.0	139.6	4.3
		月				25.4			174.0	569.7	14.6
800～1000	牡丹坪黄柏园	上旬				24.8	36.7	18.5	59.1	162.6	11.0
		中旬				24.3	38.6	15.9	59.1	313.8	0.0
		下旬				23.0	37.1	13.3	55.9	184.0	3.6
		月				24.0			185.8	582.5	16.2

(4)8月主要农业气象灾害

①暴雨洪涝。②高温伏旱。③冰雹、大风等强对流天气。

(5)农业气象条件利弊分析及农事建议

有利条件:①月平均气温 23～28 ℃,最高气温 35 ℃以下,最低气温高于 15 ℃。②月降水 100～200 mm,分布均匀。成熟期田间持水量保持 70%左右,需水量相对较少。③光照较充足。

不利条件:①高温伏旱(最高气温超过 35 ℃,持续一周以上无降水)。当大田温度高于 35 ℃时,生长虽不完全停止,但将受到抑制,同时在高温条件下烟碱含量会不成比例地增高,影响品质,成熟期还会导致叶绿素被破坏,影响光合作用。过高的温度也会灼伤叶片,影响烟叶外观和品质。②冰雹、大风等强对流天气。③强降水导致洪涝灾害。④连阴雨和长时间高温干旱。

农事建议:①有条件的情况下,采用遮阳网遮光降温,减弱直射光,增加散射光,改善烟叶的品质。②防治雨后高温导致烟叶叶片腐烂。③防范暴雨洪涝对农业设施和烟田的损毁。④及时调整烟杆,防止持续高温或者持续阴雨造成晾房内烟叶急干或者霉烂。

A.1.9　9 月生育动态及服务

(1)生育动态

成熟采收期(图 A.14～A.15)。9 月只有海拔 800 m 以上烟区处于采收尾期,低海拔烟区采收结束。

(2)农事安排

① 烟叶入户预检。②约定交售。③启动发酵工作。④高海拔烟区继续烟叶采收晾挂工作。

图 A.14　晾干的雪茄烟叶即将进入堆垛发酵

图 A.15　雪茄烟叶堆垛

(3)主要气象要素均值、极值(表 A.9)

表 A.9　9 月来凤县不同海拔烟区主要气象要素值

海拔高度/m	代表站点	时段	日照时数/h			气温/℃			降水/mm		
			均值	最多	最少	均值	极端最高	极端最低	均值	最多	最少
450～600	来凤	上旬	43.2	98.7	0.6	23.8	37.6	14.5	49.8	169.8	0.0
		中旬	37.4	83.5	7.7	22.5	36.7	11.5	35.9	149.4	0.0
		下旬	32.3	95.7	4.2	20.7	36.0	10.5	35.6	205.9	0.0
		月	113	170.4	53.5	22.3	37.6	10.5	121.3	399.5	6.1

续表

海拔高度/m	代表站点	时段	日照时数/h			气温/℃			降水/mm		
			均值	最多	最少	均值	极端最高	极端最低	均值	最多	最少
600～800	五台	上旬				22.3	36.1	13.5	102.8	326.3	1.3
		中旬				21.1	35.1	12.5	49.1	133.3	0.6
		下旬				19.6	33.1	11.6	73.5	254	1.5
		月				21.0			176.5	471.7	28.4
800～1000	牡丹坪 黄柏园	上旬				20.8	35.5	12.5	75.4	185.0	0.3
		中旬				19.8	34.6	9.7	39.4	80.7	0.7
		下旬				18.5	32.3	8.9	61.8	255.6	0.4
		月				19.7			202.2	650.0	32.4

(4)9月主要农业气象灾害

①暴雨洪涝。②高温伏秋旱。③低温阴雨(华西秋雨)。④冰雹、大风等强对流天气。

(5)农业气象条件利弊分析及农事建议

有利条件:①日照充足,雨量适中,无连阴雨天气。②月平均气温19～23 ℃,旬平均气温高于17 ℃。

不利条件:①秋季阴雨寡照导致空气湿度过大,对采收晾挂烟叶产生影响。②冰雹、大风等强对流天气对高海拔烟区大田后期造成影响。③降水导致洪涝灾害对农业设施的损毁。

农事建议:①根据天气变化,对晾房内温度和湿度进行人为调控,根据烟叶变色失水情况,勤查勤管,通过调整烟杆密度、通风排湿窗的开关、晾制杆上下移动以及加热增温排湿等措施进行合理的调控。②抓住晴好天气,高海拔烟区及时采收烟叶。

A.1.10 10月生育动态及服务

(1)生育动态

无生育期。

(2)农事安排

①售卖扫尾,处理田间烟秆,做好烟田除草杀菌翻耕、绿肥种植等工作。②开展发酵工作。③安排来年生产。

(3)主要气象要素均值、极值(表A.10)

表A.10 10月来凤县不同海拔烟区主要气象要素值

海拔高度/m	代表站点	时段	日照时数/h			气温/℃			降水/mm		
			均值	最多	最少	均值	极端最高	极端最低	均值	最多	最少
450～600	来凤	上旬	29.9	90.5	0.4	18.7	35.5	8.6	35.5	116.2	0.0
		中旬	23.1	88.9	0.5	16.9	33.0	5.9	38.7	110.5	0.0
		下旬	26.8	86.7	0.2	15.3	29.8	3.3	35.6	173.2	0.0
		月	79.9	144.5	30.2	16.9	35.5	3.3	109.7	272.1	11.3

续表

海拔高度/m	代表站点	时段	日照时数/h			气温/℃			降水/mm		
			均值	最多	最少	均值	极端最高	极端最低	均值	最多	最少
600～800	五台	上旬				17.7	33.9	6.3	48.7	151.6	2.5
		中旬				13.5	26.4	6.2	66.9	103.0	0.0
		下旬				13.6	27.2	5.1	47.0	173.4	5.0
		月				14.9			129.6	184.3	49.4
800～1000	牡丹坪 黄柏园	上旬				16.6	33.0	6.4	34.4	83.4	1.4
		中旬				13.6	31.0	3.1	54.7	97.5	0.0
		下旬				13.2	28.9	3.7	40.5	155.3	4.0
		月				14.4			134.5	258.2	42.3

(4)10 月主要农业气象灾害

①低温阴雨(华西秋雨)。②秋季强冷空气。

(5)农业气象条件利弊分析及农事建议

本月无生育动态,可利用晴好天气做好烟田扫尾工作,为来年种植做准备。

A.1.11　11 月生育动态及服务

(1)生育动态

无生育期。

(2)农事安排

继续 10 月工作。

(3)主要气象要素均值、极值(表 A.11)

表 A.11　11 月来凤县不同海拔烟区主要气象要素值

海拔高度/m	代表站点	时段	日照时数/h			气温/℃			降水/mm		
			均值	最多	最少	均值	极端最高	极端最低	均值	最多	最少
450～600	来凤	上旬	29.9	71	1.3	14.2	28.0	−0.1	25.5	128.6	0.0
		中旬	18.6	57.3	1.6	11.7	26.8	−0.2	20.4	58.0	0.0
		下旬	16.0	65.1	0.1	9.9	23.9	−1.4	14.8	84.7	0.0
		月	64.6	126.7	25.1	11.7	28.0	−1.4	60.6	139.1	2.0
600～800	五台	上旬				12.3	25.3	2.7	33.4	87.4	0.0
		中旬				10.8	24.7	2.3	25.7	47.0	5.6
		下旬				7.4	21.6	−1.4	26.1	41.4	12.4
		月				10.2			77.8	123.9	47.3
800～1000	牡丹坪 黄柏园	上旬				11.4	25.8	0.1	27.8	71.1	0.0
		中旬				9.7	23.8	1.1	23.9	47.9	5.7
		下旬				7.2	21.8	−1.9	26.1	48.0	14.3
		月				9.5			77.5	139.4	6.6

(4)11 月主要农业气象灾害

秋季强冷空气。

(5)农业气象条件利弊分析及农事建议

本月无生育动态,继续 10 月工作。

A.1.12　12 月生育动态及服务

(1)生育动态

无生育期。

(2)农事安排

继续 11 月工作。

(3)主要气象要素均值、极值(表 A.12)

表 A.12　12 月来凤县不同海拔烟区主要气象要素值

海拔高度/m	代表站点	时段	日照时数/h			气温/℃			降水/mm		
			均值	最多	最少	均值	极端最高	极端最低	均值	最多	最少
450～600	来凤	上旬	17.4	49.4	0	7.8	22.5	−2.3	7.6	27.7	0.0
		中旬	14.2	65	0	6.6	19.8	−4.0	6.2	53.8	0.0
		下旬	18.3	64.4	0	5.8	19.7	−4.6	7.5	25.2	0.0
		月	49.9	118.2	18.6	6.5	22.5	−4.6	21.3	71.8	0.3
600～800	五台	上旬				5.5	19.8	−4.1	6.2	24.4	0.0
		中旬				4.7	13.6	−3.3	7.7	16.2	0.0
		下旬				4.1	18.3	−6.4	13.0	24.7	0.0
		月				4.7			27.6	53.9	9.9
800～1000	牡丹坪 黄柏园	上旬				5.2	21.6	−3.8	7.2	32.6	0.0
		中旬				3.8	19.5	−4.7	8.0	24.3	0.0
		下旬				3.2	18.3	−6.4	12.4	19.3	0.0
		月				4.0			26.2	45.0	10.4

(4)12 月主要农业气象灾害

冬季强冷空气。

(5)农业气象条件利弊分析及农事建议

12 月无生育动态,继续 11 月工作。

A.2　鄂西北片区月生育动态及气象服务

A.2.1　1 月生育动态及服务

(1)生育动态

无生育动态。

(2)农事安排

① 种植面积落实。根据下达的种植计划,落实种植面积,草签种植合同。

② 育苗准备。一是育苗大棚检修加固、清理大棚四周排水沟及杂草杂物,制作、平整育苗基床。二是大棚内外消毒、浮盘清洗消毒。消毒后的器具放入消毒大棚内一起密封 5～7 d。三是对密闭消毒后的育苗大棚敞开通风 10 d 左右,挥发掉苗棚内消毒药液残留,以免影响烟种出芽。四是做好育苗基质、浮盘、农膜、烟种等物资调运,物资筹备到位后统一无菌保管。

(3)主要气象要素均值、极值(表 A.13)

表 A.13　1 月鄂西北片区主要气象要素值

县市	气象站名	时段	平均气温/℃	极端最高气温/℃	极端最低气温/℃	降水量/mm	日照时数/h
丹江口	丹江口国家站	上旬	3.8	21.4	−8.2	7.0	37.6
		中旬	3.3	20.6	−8.9	6.9	36.4
		下旬	3.6	21.1	−12.4	7.1	46.1
		月	3.6	21.4	−12.4	21.0	120.1
	习家店	上旬	2.9	18.6	−8.7	11.2	24.4
		中旬	2.9	18.5	−6.3	2.5	31.8
		下旬	2.6	20.8	−13.1	10.4	34.1
		月	2.8	20.8	−13.1	24.1	90.3
	均县	上旬	3.2	17.4	−6.8	11.2	
		中旬	3.0	18.3	−5.7	2.5	
		下旬	2.7	19.6	−13.1	10.4	
		月	3.0	19.6	−13.1	24.1	
枣阳	枣阳国家站	上旬	3.0	20.3	−9.6	7.6	29.0
		中旬	2.6	18.7	−9.9	4.9	28.1
		下旬	3.2	19.1	−15.1	6.4	38.6
		月	2.9	20.3	−15.1	18.9	95.7
	熊河水库	上旬	2.8	14.2	−7.2	24.1	
		中旬	3.9	17.4	−4.0	1.7	
		下旬	3.9	16.6	−11.0	7.6	
		月	3.6	17.4	−11.0	33.4	

注:①国家站资料为 1991—2020 年;②区域站和烟草气象观测站资料为 2016—2021 年,由于年限短,均值和极值均仅供参考,下同。

(4)1 月主要农业气象灾害

①寒潮大风。②低温雨雪冰冻。

(5)农业气象条件利弊分析及农事建议

不利条件:大风、积雪影响育苗大棚安全,也不利于农事活动开展。

农事建议:①及时清扫大棚积雪,加固大棚,防止大棚倒塌。②选择有利天气开展农事活动。

A.2.2 2月生育动态及服务

(1)生育动态

播种期、出苗期。2月上旬播种,下旬出苗。

(2)农事安排

①铺膜放水。播种前3~5 d,育苗池铺膜放水,水深8~10 cm(第一次要足量加水,育苗大棚内蒸发量较大,反复加水会造成水温降低,不利于烟苗生长),加入配比好的营养液,提高水温,并检查育苗池是否渗水。②播种。基质装盘、压穴、点种、喷水(包衣裂解:对育苗盘上的包衣种子喷水,种子吸足水后,包衣裂解成粉状物质,散布在种子周围,为种子萌发、生长提供营养物质)、盖基质,完成播种。③日常管护。监测调控大棚温度(播种初期,棚内温度须保持7 ℃以上,苗床水温不低于12 ℃),检查育苗池是否缺水,适时开关大棚。④大田整理及物质准备。对年前深翻冬炕的烟田进行春耕,耙碎土垡,耙平地面保墒(图A.16)。做好烟草专用肥、有机肥、饼肥等物资调运。

图A.16 春耕耙地

(3)主要气象要素均值、极值(表A.14)

表A.14 2月鄂西北片区主要气象要素参数

县市	气象站名	时段	平均气温/℃	极端最高气温/℃	极端最低气温/℃	降水量/mm	日照时数/h
丹江口	丹江口国家站	上旬	4.7	23.8	−10.5	4.7	42.5
		中旬	6.4	28.1	−8.6	7.5	41.0
		下旬	8.0	29.2	−6.2	6.2	31.7
		月	6.3	29.2	−10.5	18.4	115.2
	习家店	上旬	2.9	22.3	−7.2	4.3	35.7
		中旬	4.9	22.5	−7.6	5.7	38.3
		下旬	7.2	24.1	−3.5	5.5	32.3
		月	5.0	24.1	−7.6	15.5	106.3

续表

县市	气象站名	时段	平均气温/℃	极端最高气温/℃	极端最低气温/℃	降水量/mm	日照时数/h
丹江口	均县	上旬	2.7	20.7	−7.2	4.3	
		中旬	4.6	22.7	−7.4	5.7	
		下旬	7.0	24.5	−3.5	5.5	
		月	4.8	24.5	−7.4	15.5	
枣阳	枣阳国家站	上旬	4.2	23.7	−10.8	5.6	36.0
		中旬	6.0	26.6	−9.3	9.0	37.3
		下旬	7.7	27.2	−7.8	9.8	31.3
		月	5.9	27.2	−10.8	24.3	104.6
	熊河水库	上旬	4.8	17.4	−5.5	4.0	
		中旬	7.4	26.1	−3.3	4.3	
		下旬	8.6	28.8	−1.1	18.9	
		月	6.9	28.8	−5.5	27.2	

(4)2 月主要农业气象灾害

①强冷空气、寒潮大风。②低温雨雪冰冻。

(5)农业气象条件利弊分析及农事建议

有利条件：播种出苗期，育苗大棚适宜温度 18～25 ℃，夜间不低于 10 ℃。适当光照，以提高棚温，促进烟苗发芽出苗。基质最大持水量 70%～80%较为适宜。

不利条件：棚温<10 ℃、苗床水温<12 ℃，种子发芽慢、萌发期长、延长出苗期；棚温>30 ℃幼苗嫩弱；基质持水量过大影响土壤通气性，干旱影响胚根伸长。强雨雪、寒潮大风损坏育苗大棚等设施。

农事建议：①严格控温，勤浇水，总原则"湿而不饱，干湿相间"。②遭遇寒潮大风、强降雪天气时，注意加固大棚。③气温偏低时，注意烟苗保温防寒。④天气晴朗时，及时开展大田整理、施肥起垄等工作。

A.2.3　3 月生育动态及服务

(1)生育动态

小十字期、生根期(图 A.17～A.18)。3 月上旬进入小十字期(1～2 片真叶)；中旬进入生根期(3～7 片真叶)。

(2)农事安排

①大棚管理。注意大棚温度、湿度控制，做好保温、降温工作，加强棚内通风排湿。棚内温度最高不得超过 30 ℃，防范高温烧苗。②加注营养液。出苗后及时加注第一次营养液，水深 5 cm。之后根据情况及时补加营养液。③间苗定苗。烟苗达到 4 真叶(大十字期)时开展间苗定苗工作，遵照"去大去小、去杂去弱"原则，确保每孔内有一株均匀一致的烟苗。④剪叶炼苗。

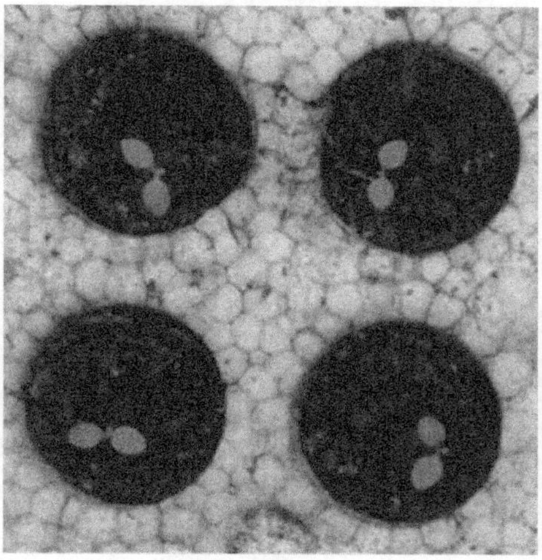

图 A.17 小十字期

图 A.18 生根期

当烟苗长到 6 片真叶时，对长势不齐的烟苗可剪叶 1 次。为了增强烟苗移栽后对自然环境的适应能力，在移栽前 15～20 d，昼夜通风。⑤基础设施建设。启动晾房、道路等基础设施建设工作。⑥大田管理。一是施肥起垄，先开沟后施肥，垄向须顺风（图 A.19）。茄衣行距 1.1 m；茄芯行距 1.1～1.2 m；垄高 30 cm 左右，垄体质量达到面平、土碎、饱满，沟厢配套。施肥推行开沟条施，大垄一次成型，起垄后肥料层深度达到 15～20 cm。二是适墒盖膜，边起垄边盖膜，做到“严、紧、实、平”，覆膜前必须喷施农药防治地下害虫（图 A.20）。

图 A.19 施肥起垄

图 A.20 适墒盖膜

(3)主要气象要素均值、极值(表 A.15)

表 A.15　3 月鄂西北片区主要气象要素参数

县市	气象站名	时段	平均气温/℃	极端最高气温/℃	极端最低气温/℃	降水量/mm	日照时数/h
丹江口	丹江口国家站	上旬	9.2	32.4	−3.5	13.8	47.7
		中旬	10.9	29.1	−2.4	15.9	46.2
		下旬	12.9	31.0	0.1	13.1	56.6
		月	11.1	32.4	−3.5	42.8	150.5
	习家店	上旬	8.7	34.0	−2.3	13.4	49.2
		中旬	11.0	31.4	−2.4	16.7	52.1
		下旬	13.3	31.4	0.5	18.0	64.7
		月	11.0	34.0	−2.4	48.1	166.0
	均县	上旬	8.5	32.3	−2.4	10.5	
		中旬	10.5	29.7	−0.9	15.8	
		下旬	12.9	29.5	0.6	18.4	
		月	10.6	32.3	−2.4	44.7	
枣阳	枣阳国家站	上旬	9.0	30.7	−4.5	14.3	46.7
		中旬	10.9	29.3	−9.2	14.2	42.4
		下旬	12.8	30.8	−1.9	12.0	54.0
		月	10.9	30.8	−9.2	40.5	143.1
	熊河水库	上旬	9.5	21.5	0.9	17.9	
		中旬	12.7	27.3	1.9	21.2	
		下旬	14.0	28.0	0.4	22.8	
		月	12.1	28.0	0.4	61.9	

(4)3 月主要农业气象灾害

①强冷空气、寒潮大风。②低温雨雪冰冻。③持续阴雨寡照。

(5)农业气象条件利弊分析及农事建议

有利条件：幼苗进入十字期后，随着气温回升，光合作用逐渐增强，苗床应加强通风透气，增加光照，促进同化作用。进入大十字期，应根据天气变化，逐渐加强通风管理，将棚内温度控制在 22～30 ℃，利于烟苗稳健生长。基质最大持水量 65%～75%，利于生根壮苗。

不利条件：棚温＜10 ℃烟苗生长缓慢，＞35 ℃烟苗生长停顿；基质水分过多主根浅，水分过少主根深，均不利壮苗。寒潮大风损坏大棚等设施，持续寡照影响烟苗不利壮苗。

农事建议：①遭遇强冷空气时，注意加固大棚。②明显降温时，注意烟苗保温防寒。③天气晴朗时，大棚注意通风降温，防止高温烧苗。④适时开展大田适墒盖膜等工作。

A.2.4　4 月生育动态及服务

(1)生育动态

成苗期、移栽期、还苗期。

成苗期:第 8～10 片真叶生出,有一定苗形,可移栽。茄衣 4 月 10 日左右开始移栽,茄芯延至 4 月 15 日前后。烟苗移栽到成活需 7～10 d,此段为还苗期。

(2)农事安排

①剪叶炼苗。第二次剪叶炼苗需重剪,剪去叶片的 1/2～2/3。夜间不关闭大棚,移栽前 7～10 d 断水断肥,干湿交替炼苗,抑制地上部分生长,促进幼苗横向加粗,烟苗敦实健壮,提高其抗逆能力。②移栽准备。移栽前 2～3 d,育苗池加清水 3 cm 左右,做好移栽准备。③移栽。一般 4 月中旬开始,挑选整齐一致的壮苗进行移栽。移栽技术要求同一农户 3 d 内移栽结束,同一连片或区域 5 d 左右移栽结束;茄衣株距 0.4～0.45 m,亩栽 1347～1515 株,茄芯株距 0.45～0.5 m,亩栽 1111～1347 株;移栽时"带水、带肥、带药",并防治地下害虫及病毒类病害("带药"重点是预防烟草根腐病、黑胫病、地老虎、野蛞蝓等);移栽时烟苗生长点距井窖口 6～8cm;宜选择阴天移栽,杜绝雨天移栽。④栽后管理。移栽后及时查苗补苗,做好害虫防治。遇到雨天及时检查烟田,防止窖内积水。

(3)主要气象要素均值、极值(表 A.16)

表 A.16　4 月鄂西北片区主要气象要素参数

县市	气象站名	时段	平均气温/℃	极端最高气温/℃	极端最低气温/℃	降水量/mm	日照时数/h
丹江口	丹江口国家站	上旬	15.1	32.4	0.0	18.2	51.9
		中旬	17.2	35.7	2.7	23.9	60.7
		下旬	19.3	36.5	4.4	13.6	66.1
		月	17.2	36.5	0.0	55.7	178.7
	习家店	上旬	14.8	34.5	0.3	16.4	56.6
		中旬	16.7	35.8	3.3	23.4	63.9
		下旬	18.2	37.7	3.9	11.4	75.0
		月	16.6	37.7	0.3	51.1	195.4
	均县	上旬	14.5	33.6	1.0	20.3	
		中旬	16.4	35.8	2.1	26.7	
		下旬	17.9	35.8	3.9	13.7	
		月	16.3	35.8	1.0	60.8	
枣阳	枣阳国家站	上旬	15.1	33.9	−1.0	21.6	51.1
		中旬	17.1	35.6	1.1	23.6	57.0
		下旬	19.1	36.5	3.7	19.6	60.0
		月	17.1	36.5	−1.0	64.8	168.1
	熊河水库	上旬	15.0	31.9	4.4	42.9	
		中旬	17.6	30.9	4.9	25.6	
		下旬	18.4	33.2	8.4	13.6	
		月	16.9	33.2	4.4	82.1	

(4)4 月主要农业气象灾害

①倒春寒。②干旱。③低温阴雨寡照。④局部冰雹、雷暴大风等强对流天气。

(5)农业气象条件利弊分析及农事建议

有利条件:①成苗期棚温 22～25 ℃,基质最大持水量 60%左右,增加光照时间。②移栽时,大田气温稳定通过 12 ℃,地温达 9 ℃以上;移选在阴天、雨后转晴或晴天的早上、傍晚栽烟,中午不宜栽烟;土壤墒情 75%～80%。

不利条件:①成苗期棚温>35 ℃,幼苗生长停顿,>38 ℃,烧苗;水肥过多易造成徒长;光照不足影响壮苗。②雨天禁止移栽;移栽后,<12 ℃持续 5 d 以上,可引起明显早花,且影响烟叶根系延伸;连阴雨天气可能导致井窖积水。

农事建议:①遭遇强冷空气时,注意加固大棚。②明显降温时,注意烟苗保暖防寒。③抓住"冷尾暖头"集中开展烟苗移栽工作。④移栽后遇阴雨水涝,注意清沟排渍。

A. 2. 5　5 月生育动态及服务

(1)生育动态

伸根期、旺长期(图 A. 21、图 A. 22)。上旬进入伸根期:成活到团棵(成活后展开 13～16 片真叶,株形近似球形为团棵期)25～30 d。下旬进入旺长期:团棵到现蕾(全部叶片伸展,植株顶端出现第一批花蕾为现蕾)25～30 d。

图 A. 21　团棵期

图 A. 22　旺长期

(2)农事安排

①栽后管理。及时查苗补苗;遇雨天及时检查烟田,防止窖内积水。②追施提苗肥。烟叶还苗后,追施硝铵磷肥进行提苗(雪茄烟叶前期长势较弱,要多次松土,适当施用低浓度的液态提苗肥)。③病虫害防治。对根茎类病害、病毒病及蚜虫进行防治。④填土、封口(图 A. 23)。当烟苗长出井窖口,生长点超出井窖口 2～3 cm 时(小团棵期),进行扩膜封窝(用细土向井窖内填充,并将地膜口用土密封),同时追施浓度 2%的硝酸钾水肥药液。⑤揭膜培土(图 A. 24)。移栽后 35～45 d,在烟叶生长的旺长初期开展揭膜培土工作(若近期有降水,应在降水之前揭膜培土。如近期无降水且土壤墒情较差,应先浇足水,过 1 d 再揭膜,既利于培土操作,又能保

证揭膜后烟株生长需水）。揭膜时应边揭膜边培土，防止引起土壤水分、空气、温度等烟株生长环境剧烈变化而影响其生长发育；揭膜后培土前，在烟株茎基部浇灌防两黑病（黑胫病和黑腐病）和青枯病的药剂，防治根茎类病害的发生。另外，揭膜培土需要在稳定天气下进行，避免气温急剧变化的影响。培土技术要求，一是适时，在烟叶旺长初期及早培土，过晚，茎基部已木质化，培土后生长的不定根少，根系发育差。培土应选择晴天，雨天或土壤湿度过大时不宜进行。二是培高，指培土高度。一般培后高度连同原有垄高应达到 45 cm 以上。多雨地势低、土壤黏重的地区，培土高度要适当再高一些，以免发生涝害或病害。三是饱满，培土前应摘除 2～3 片底脚叶，重点培高茎基部，要充实饱满，使土与根基部之间不留间隙，以利于不定根的发生和扩展。垄面要宽，垄背坡要缓，降雨时水分能缓慢渗透，不致冲刷垄面。四是直平，垄要直，沟底要平，保证灌排畅通和通风排湿。操作时土块要打碎，以免压坏烟叶，及时清理老旧死叶，预防各类病害。⑥三沟配套。开好“畦沟、腰沟、围沟”，三沟相通，能排能灌。⑦病虫害防治。主防花叶病。

图 A.23 填土、封口

图 A.24 揭膜培土

(3)主要气象要素均值、极值(表 A.17)

表 A.17　5月鄂西北片区主要气象要素参数

县市	气象站名	时段	平均气温/℃	极端最高气温/℃	极端最低气温/℃	降水量/mm	日照时数/h
丹江口	丹江口国家站	上旬	20.9	38.6	8.0	25.5	59.4
		中旬	22.1	38.7	8.6	25.8	65.6
		下旬	23.6	38.2	11.3	30.6	65.0
		月	22.2	38.7	8.0	81.9	190.0
	习家店	上旬	20.2	39.7	6.7	26.2	69.0
		中旬	21.7	38.5	7.5	23.6	79.6
		下旬	22.4	39.1	10.7	36.8	78.8
		月	21.4	39.7	6.7	86.6	227.4
	均县	上旬	19.8	37.3	6.7	28.2	
		中旬	21.3	38.3	7.5	24.9	
		下旬	22.0	37.6	10.3	38.0	
		月	21.0	38.3	6.7	91.1	
枣阳	枣阳国家站	上旬	20.8	37.5	5.4	32.7	56.2
		中旬	22.1	38.2	5.5	22.9	59.7
		下旬	23.6	37.3	9.8	31.8	55.9
		月	22.2	38.2	5.4	87.4	171.8
	熊河水库	上旬	21.0	37.2	12.3	22.0	
		中旬	23.0	36	11.5	22.7	
		下旬	23.7	35.9	13.2	31.0	
		月	22.6	37.2	11.5	75.7	

(4)5月主要农业气象灾害

①干旱。②持续5 d以上低温阴雨。③雷暴大风、局地冰雹等强对流天气。④暴雨洪涝。

(5)农业气象条件利弊分析及农事建议

有利条件:①伸根期气温20～25 ℃,土壤墒情60%～65%。②旺长期气温22～28 ℃,土壤墒情75%～85%。

不利条件:气温<17 ℃光合速率受阻,>35 ℃抑制烟株生长。干旱造成留叶数降低,烟株长势受阻。≥12 m/s大风、局地冰雹均可造成烟株损害。持续低温阴雨天气造成土壤过湿影响根系生长,且滋生病虫害。

农事建议:①遇有低温阴雨,发布防渍预报,提醒烟农清沟沥水,并推迟揭膜。②干旱时,有条件的烟田可采取灌溉措施防范。③遭遇冰雹、大风等强对流天气,可及时开展人工消雹作业,减小损失;④发生暴雨洪涝时,注意加强田间管理,及时清沟排涝。

A.2.6　6月生育动态及服务

(1)生育动态

旺长期、成熟期。上旬旺长期;中旬进入成熟期(成熟期一般50～60 d);下旬从下部叶开始采收晾制。

(2)农事安排

① 灌溉。旺长期需水量大,可根据降雨及土壤墒情,适时灌溉(滴灌),浇足旺长水。打顶后15 d左右适当灌溉圆顶水。

② 平顶留叶(图 A.25)。对现蕾烟田进行平顶,正常情况下采取初花平顶方式,烟叶长势偏旺,适当推迟平顶时间,采取盛花平顶,长势偏弱,提前进行平顶。

打顶技术要求:

a. 茄衣:初花至盛花期打顶,打顶时打去顶部幼嫩叶2~3片和底脚叶3~4片,留叶22~24片。茄芯:亮苔至初花期打顶,打顶时打去顶部幼嫩叶2~3片和底脚叶2~3片,留叶20~22片。

b. 打顶时刀削断面为斜面(创口成斜面可以防治茎部病害发生),本着先打"健株后打病株"的原则,打顶后所留茎秆比顶叶高2~4 cm。

c. 打掉的烟花、烟杈及烟叶必须带出烟田集中消毒,无害化处理,且要保留处理痕迹。

③ 化学抑芽(图 A.25)。平顶后及时开展化学抑芽。

图 A.25 平顶留叶、化学抑芽

④ 不适用烟叶处理。烟叶平顶后,对下部2~3片不适用烟叶进行摘除,并带出田间集中处理(减小烟叶密度,促进烟叶透光)。

⑤ 病虫害防治。重点防治气候斑、赤星病、烟青虫。喷施波尔多液,保护叶片不受气候斑点病、赤星病等叶面病害的侵染。

⑥ 晾房检修。

⑦ 采收晾制。一般打顶结束10 d左右,开始对已成熟的下部叶由下至上"适熟早采"。当天采收的烟叶需进行初步分级、人工扎绑、上架,然后悬挂于晾房特制木架上进行晾制。

采收标准及要求:

a. 烟叶成熟的基本特征。茄衣:叶片全绿、采摘时叶柄断裂声音清脆,叶片无枯尖、焦边、斑点等现象(相当于烤烟欠熟);顶叶和部分上二棚叶颜色绿黄相间、淀粉斑点显现、主脉发亮、茸毛脱落、钩尖、叶缘反卷。茄芯:叶片以黄色为主,叶脉近处带绿色,主脉发亮、茸毛脱落、钩尖、叶缘反卷,上部叶的成熟淀粉斑大而发白,稍有枯尖现象。

b. 按成熟期先后自下而上依次摘叶采收,每次采摘3~4片叶,5~7 d一轮。

c. 有条件的产区茄芯提倡用半整株采收,具体方法为摘叶采收下、中部叶后,将上二棚叶和顶叶半整株采收。

d. 采收烟叶要做到“生不采、熟不漏，茄衣稍早(稍生)、茄芯稍晚”，整个烟叶的采摘周期长达 50 d 左右。禁止雨天采收。另外，采收时应最大限度保证叶片的完整性，严防人为损伤。

晾制过程及要求：

a. 当天采摘下来的新鲜烟叶需要立即组织人工扎绑，一般每 4～5 片扎成一把，每排木杆上可挂 28 把烟叶，然后将每排木杆均匀地挂在特制木架上。在整个晾制期间，一要定时抖动烟把，防止烟片发生粘连或霉变；二要随时监控晾房内的温度和湿度，保持温度在 25 ℃、相对湿度在 75%左右，否则应采取适当措施，如采用聚乙烯薄膜封闭晾房四周底部或打开薄膜加强空气流通，或在晾房内点燃炭火炉升温除湿。

b. 同批采摘的烟叶(相同部位)经过约 20 d 的晾制，含水率一般会降至 15%左右，这时的烟叶会散发出带有甜味的特有香气。晾制不当或在晾制过程中破损的烟叶应分拣出来，单独进行晾制和发酵以便用作茄芯原料。

(3)主要气象要素均值、极值(表 A. 18)

表 A. 18　6 月鄂西北片区主要气象要素参数

县市	气象站名	时段	平均气温/℃	极端最高气温/℃	极端最低气温/℃	降水量/mm	日照时数/h
丹江口	丹江口国家站	上旬	25.1	40.8	14.4	29.8	61.3
		中旬	26.4	40.8	16.0	25.4	63.1
		下旬	26.9	40.7	17.0	30.0	56.1
		月	26.1	40.8	14.4	85.2	180.5
	习家店	上旬	24.6	40.6	14.6	33.7	80.2
		中旬	25.4	40.5	13.0	32.7	75.5
		下旬	25.8	40.0	15.9	29.3	70.7
		月	25.3	40.6	13.0	95.6	226.4
	均县	上旬	23.7	39.1	13.6	27.9	
		中旬	24.8	38.9	13.6	31.8	
		下旬	25.4	39.3	15.7	32.9	
		月	24.6	39.3	13.6	92.6	
枣阳	枣阳国家站	上旬	25.3	39.0	12.9	33.0	56.6
		中旬	26.6	38.8	15.0	38.4	57.4
		下旬	26.7	38.6	16.1	50.3	50.4
		月	26.2	39.0	12.9	121.7	164.4
	熊河水库	上旬	26.3	37.4	14.3	35.8	
		中旬	25.6	35.5	17.9	70.4	
		下旬	27.0	36.4	19	44.6	
		月	26.3	37.4	14.3	150.8	

(4)6 月主要农业气象灾害

①暴雨洪涝。②持续 5 d 以上的低温阴雨。③高温干旱。④高温高湿。⑤冰雹、大风等强对流天气。

(5)农业气象条件利弊分析及农事建议

有利条件:①旺长期适宜气温22～28 ℃,最高气温35 ℃以下;此时需水较多,土壤墒情75%～85%为宜。②进入成熟期后,气温不低于20 ℃为宜,最适气温24～25 ℃持续30 d以上;最适土壤相对湿度65%～70%;需水量较少而又不干旱。

不利条件:①持续阴雨导致烟叶晚熟且影响品质,还可导致叶斑病暴发。②气温<20 ℃影响烟叶品质,16～17 ℃烟叶品质最差。③≥12 m/s大风、局地冰雹均可造成烟株损害。④高温热害影响光合作用;高温高湿导致病害。⑤暴雨洪涝灾害造成烟田渍涝和农田设施损毁。

农事建议:①烟区进入降水集中期,关注当地天气预报预警,加强田间管理,及时清沟理渠,遇洪涝灾害时及时排涝,排涝后及时追肥、培土,促进烟株迅速恢复生长,减少损失。②遭遇高温干旱时,有条件的烟田可采取遮阴、灌溉等措施防范。③冰雹、大风等强对流天气时,及时开展人工消雹作业,减小损失。④高温高湿、持续阴雨天气,注意及时喷施农药,做好病虫害防治。⑤根据气候预测,提前做好病虫害防治准备。

A.2.7 7月生育动态及服务

(1)生育动态

成熟(图A.26)、采收、晾制。上旬,下部叶采收晾制;中旬,中部叶采收晾制;下旬,中上部叶采收晾制。

图A.26 成熟期

(2)农事安排

①加强烟田后期管理,清理沟渠,开展田间除草工作。②加强后期病虫害的防治,预防赤星病和二次花叶病。③采收晾制。及时采摘烟叶,不采生叶,不漏熟叶。及时组织人工对新采烟叶进行扎绑、挂架、晾制。

(3)主要气象要素均值、极值(表A.19)

表A.19 7月鄂西北片区主要气象要素参数

县市	气象站名	时段	平均气温/℃	极端最高气温/℃	极端最低气温/℃	降水量/mm	日照时数/h
丹江口	丹江口国家站	上旬	27.6	40.4	17.7	49.5	58.3
		中旬	27.8	41.5	18.8	45.8	55.1
		下旬	28.8	41.3	18.2	31.1	69.1
		月	28.1	41.5	17.7	126.4	182.5

续表

县市	气象站名	时段	平均气温/℃	极端最高气温/℃	极端最低气温/℃	降水量/mm	日照时数/h
丹江口	习家店	上旬	26.9	39.0	14.7	21.2	80.3
		中旬	27.0	40.0	19.1	55.4	73.4
		下旬	29.1	43.4	19.3	41.4	92.3
		月	27.7	43.4	14.7	118.1	246.0
	均县	上旬	26.5	37.6	15.6	26.4	
		中旬	26.8	38.3	18.8	46.5	
		下旬	28.8	41.5	19.0	36.6	
		月	27.4	41.5	15.6	109.5	
枣阳	枣阳国家站	上旬	27.4	39.3	17.5	75.4	54.0
		中旬	27.9	40.7	18.1	48.0	54.7
		下旬	28.9	39.8	17.3	44.2	75.8
		月	28.1	40.7	17.3	167.6	184.5
	熊河水库	上旬	27.3	36.5	20.7	12.6	
		中旬	27.9	38.2	19.6	59.4	
		下旬	29.4	39.7	21.0	46.3	
		月	28.3	39.7	19.6	118.3	

(4)7 月主要农业气象灾害

①暴雨洪涝。②高温干旱。③冰雹、大风等强对流天气。

(5)农业气象条件利弊分析及农事建议

有利条件:①成熟期气温不低于 20 ℃为宜,最适气温 24～25 ℃持续 30 d 以上。②最适土壤相对湿度 65%～70%;需水量较少而又不干旱。③光照较充足。④无连阴雨和长时间高温干旱。

不利条件:①后期阴雨可导致烟叶滋生病害、表面所分泌的芳香物流失,影响品质。②气温<20 ℃影响烟叶品质。③≥12 m/s 大风、局地冰雹损毁烟株。④高温热害影响光合作用;高温高湿可导致病害流行。⑤暴雨洪涝灾害造成烟田渍涝和农田设施损毁。

农事建议:7 月烟区进入盛夏,高温干旱、雷暴大风、局地冰雹等强对流天气可能多发,随时关注当地天气预报预警信息,做好烟田后期管理。①高温干旱时,有条件的烟田可采取遮阴、灌溉等措施加以防范。②遭遇冰雹、大风等强对流天气时,可及时开展人工消雹作业,减小损失。③暴雨洪涝时,及时清沟排涝;雨后及时喷施农药,防止雨后高温导致烟叶叶片腐烂。④晾制期间,及时调整烟杆,防止持续高温或者持续阴雨对晾房内烟叶造成急干或者霉烂。

A.2.8 8 月生育动态及服务

(1)生育动态

采收收尾、晾制。烟叶采收收尾,中后期烟叶晾制。

(2)农事安排

①完成雪茄烟叶最后采收工作。②继续开展已采收雪茄烟叶的晾制工作。③做好烟叶下

杆保管工作。④做好发酵阶段的物质准备工作。

(3)主要气象要素均值、极值(表 A.20)

表 A.20 8 月鄂西北片区主要气象要素参数

县市	气象站名	时段	平均气温/℃	极端最高气温/℃	极端最低气温/℃	降水量/mm	日照时数/h
丹江口	丹江口国家站	上旬	28.2	41.2	18.7	53.4	57.4
		中旬	27.4	42.7	15.5	39.7	58.8
		下旬	26.0	40.3	15.7	37.4	58.7
		月	27.2	42.7	15.5	130.5	174.9
	习家店	上旬	28.1	42.4	17.6	94.5	80.0
		中旬	27.9	41.6	17.2	33.5	80.6
		下旬	25.7	38.8	13.2	28.5	77.9
		月	27.2	42.4	13.2	156.5	238.5
	均县	上旬	27.8	39.5	16.8	91.7	
		中旬	27.4	39.8	16.9	22.8	
		下旬	25.3	37.5	16.0	30.6	
		月	26.8	39.8	16.0	145.1	
枣阳	枣阳国家站	上旬	28.4	40.1	18.2	45.4	57.3
		中旬	27.4	40.8	15.7	29.9	62.8
		下旬	26.0	40.8	14.6	39.6	61.4
		月	27.3	40.8	14.6	114.9	181.5
	熊河水库	上旬	29.5	38.9	21.6	65.9	
		中旬	28.5	40.1	20.1	55.1	
		下旬	26.7	36.8	16.7	44.9	
		月	28.2	40.1	16.7	165.9	

(4)8 月主要农业气象灾害

①高温干旱。②暴雨洪涝。③冰雹、大风等强对流天气。④持续阴雨天气。

(5)农业气象条件利弊分析及农事建议

有利条件:①气温>20 ℃,最高气温 35 ℃以下。②田间持水量保持 60%左右,需水量相对较少。③光照较充足,无持续性阴雨天气和长时间高温干旱。

不利条件:①最高气温超过 35 ℃,持续一周以上无降水,烟株生长将受抑制,烟碱含量增高,影响品质;同时高温也会灼伤叶片,影响外观。②≥12 m/s 的大风损伤烟叶叶片,另外,风速过大可能导致凋萎期的烟叶快速失水而形成死青、枯尖焦边或青斑。③洪涝灾害造成烟田渍涝,损坏农田及晾房设施。④持续阴雨天气可导致烟叶滋生病害、表面所分泌的芳香物流失,影响品质,同时也会使晾房内湿度过大,造成烟片霉变。

农事建议:8 月烟区仍在盛夏期,持续高温、暴雨洪涝、雷暴大风、局地冰雹等强对流天气仍是影响烟叶生产的主要气象灾害,关注当地天气预报预警,做好烟田后期管理,同时关注天气对烟叶晾制的影响,及时采取应对措施。①高温、干旱时,有条件的烟田可采取遮阴、灌溉等措施加以防范。②冰雹、大风等强对流天气时，可及时开展人工消雹作业，减小损失。③暴雨洪涝时，及时清沟排涝；雨后及时喷施农药，防止雨后高温导致烟叶叶片腐烂。④晾制期间，可通过开关门窗、调整烟秆距离、利用风扇等措施，防止持续高温、雷暴大风或者持续阴雨对晾房内烟叶造成急干或者霉烂。

A. 2. 9 9月生育动态及服务

(1)生育动态

无生育动态。大田期完全结束，晾制接近尾声。

(2)农事安排

①处理田间烟秆，做好烟田除草杀菌翻耕、绿肥种植等工作。②烟叶保管。③约定交售。④开展发酵工作。

(3)主要气象要素均值、极值(表 A. 21)

表 A. 21 9月鄂西北片区主要气象要素参数

县市	气象站名	时段	平均气温/℃	极端最高气温/℃	极端最低气温/℃	降水量/mm	日照时数/h
丹江口	丹江口国家站	上旬	24.5	39.5	12.7	33.6	51.3
		中旬	22.6	37.9	10.2	25.9	43.6
		下旬	21.2	34.2	10.1	25.1	46.3
		月	22.8	39.5	10.1	84.6	141.2
	习家店	上旬	23.8	39.4	12.7	34.5	63.0
		中旬	21.6	39.3	10.5	32.1	52.8
		下旬	20.6	34.4	8.4	41.0	52.4
		月	22.0	39.4	8.4	107.5	168.1
	均县	上旬	23.4	37.7	15.1	35.4	
		中旬	21.4	36.5	13.3	34.8	
		下旬	20.3	33.2	11.1	47.9	
		月	21.7	37.7	11.1	118.0	
枣阳	枣阳国家站	上旬	24.6	39.3	12.9	28.6	53.5
		中旬	22.8	37.0	9.9	20.9	46.3
		下旬	21.4	36.1	7.7	22.2	47.2
		月	22.9	39.3	7.7	71.7	147.0
	熊河水库	上旬	25.2	36.5	15.6	53.0	
		中旬	23.6	37.0	16.0	17.4	
		下旬	22.4	35.5	13.9	36.0	
		月	23.8	37.0	13.9	106.4	

(4)9月主要农业气象灾害

①持续低温阴雨。②高温干旱。③冰雹、大风等强对流天气。

(5)农业气象条件利弊分析及农事建议

有利条件:光照较充足,无持续性低温阴雨和长时间高温干旱。

不利条件:①持续低温阴雨天气可使晾房内气温过低或湿度过大,导致烟片出现霉变风险。②长时间高温干旱可导致晾房内湿度过低,造成烟片过干而损坏。

农事建议:随时监控晾房温度、湿度,通过加温、通风等方式调节温度、湿度。①持续低温阴雨时,可通过晾房内火炉升温除湿,有条件的晾房可使用抽风机排湿。②长时间高温干旱时,可采用地面洒水或者加湿器增湿等办法保湿。③暴雨洪涝时,及时清沟排涝,防止晾房内涝。④利用晴好天气开展烟田清理工作。

A.2.10 10月生育动态及服务

(1)生育动态

无生育动态。

(2)农事安排

①继续雪茄发酵工作。②开展雪茄烟技术培训。③安排来年生产。

(3)主要气象要素均值、极值(表A.22)

表A.22 10月鄂西北片区主要气象要素参数

县市	气象站名	时段	平均气温/℃	极端最高气温/℃	极端最低气温/℃	降水量/mm	日照时数/h
丹江口	丹江口国家站	上旬	19.2	37.6	7.1	26.4	46.1
		中旬	17.6	32.0	7.2	22.8	43.4
		下旬	15.8	31.5	1.4	18.3	53.0
		月	17.5	37.6	1.4	67.5	142.5
	习家店	上旬	17.9	35.4	5.6	30.9	45.8
		中旬	15.7	31.8	5.5	23.8	40.8
		下旬	14.8	30.1	3.9	24.4	46.6
		月	16.1	35.4	3.9	79.1	133.2
	均县	上旬	17.8	34.1	6.1	40.0	
		中旬	15.7	30.3	7.6	31.8	
		下旬	14.8	29.2	3.6	27.5	
		月	16.1	34.1	3.6	99.3	
枣阳	枣阳国家站	上旬	19.4	37.5	4.0	20.4	45.6
		中旬	17.6	33.2	3.3	21.1	41.5
		下旬	15.5	31.4	−0.6	17.8	50.8
		月	17.4	37.5	−0.6	59.3	137.9
	熊河水库	上旬	18.9	35.5	9.6	56.4	
		中旬	15.3	26.1	7.8	40.6	
		下旬	16.3	28.3	6.9	2.2	
		月	16.8	35.5	6.9	99.2	

(4)10 月主要农业气象灾害

①持续低温阴雨。②强冷空气。

(5)农业气象条件利弊分析及农事建议

①利用晴好天气开展烟田清理工作。②遭遇强冷空气及大风天气时,及时采取措施,防范大棚、晾房等设施损坏。

A. 2. 11　11 月生育动态及服务

(1)生育动态

无生育动态。

(2)农事安排

深耕晒垡。启动烟田深耕晒垡工作,深耕以不破坏犁底层为准,在此前提下,尽量深耕。由于烟株大部分根系分布在表土以下 10～40 cm 处,因此,深耕的适宜深度应在 20～30 cm。

(3)主要气象要素均值、极值(表 A. 23)

表 A. 23　11 月鄂西北片区主要气象要素参数

县市	气象站名	时段	平均气温/℃	极端最高气温/℃	极端最低气温/℃	降水量/mm	日照时数/h
丹江口	丹江口国家站	上旬	13.9	29.1	−0.1	15.8	51.3
		中旬	10.9	26.4	−3.4	12.7	38.1
		下旬	9.1	24.3	−3.1	10.1	41.0
		月	11.3	29.1	−3.4	38.6	130.4
	习家店	上旬	12.3	26.4	−0.1	15.9	42.8
		中旬	10.4	23.5	0.4	8.5	33.3
		下旬	7.2	22.1	−4.0	14.2	27.4
		月	10.0	26.4	−4.0	38.6	103.4
	均县	上旬	12.4	25.9	2.0	14.7	
		中旬	10.6	24.2	0.4	10.5	
		下旬	7.4	21.7	−5.2	22.0	
		月	10.2	25.9	−5.2	47.1	
枣阳	枣阳国家站	上旬	13.7	29.1	−1.5	16.3	48.9
		中旬	10.6	26.1	−3.2	11.2	36.1
		下旬	8.6	22.8	−5.4	9.3	37.2
		月	11.0	29.1	−5.4	36.8	122.2
	熊河水库	上旬	14.6	26.5	2.3	14.9	
		中旬	12.3	24.8	1.5	13.1	
		下旬	8.8	20.2	0.6	11.2	
		月	11.9	26.5	0.6	39.2	

(4)11 月主要农业气象灾害

强冷空气及寒潮大风。

(5)农业气象条件利弊分析及农事建议

①利用晴好天气开展烟田清理工作。②寒潮大风时及时采取措施,防范大棚、晾房等设施损坏。

A.2.12　12月生育动态及服务

(1)生育动态

无生育动态。

(2)农事安排

①走访调研。深入农户进行走访调研,查找问题,总结经验。②全年工作总结。对全年烟叶生产、收购等工作进行全面总结。③政策兑现。按照补贴政策文件要求,对惠农政策全面兑现。④种植意向摸底。走访烟农,对下年度的种植意向进行摸底。⑤深耕晒垡。

(3)主要气象要素均值、极值(表A.24)

表A.24　12月鄂西北片区主要气象要素参数

县市	气象站名	时段	平均气温/℃	极端最高气温/℃	极端最低气温/℃	降水量/mm	日照时数/h
丹江口	丹江口国家站	上旬	7.1	21.9	−4.7	5.3	40.1
		中旬	5.6	20.1	−5.2	3.3	40.2
		下旬	4.7	20.9	−9.2	6.5	45.7
		月	5.8	21.9	−9.2	15.1	126.0
	刁家店	上旬	5.9	21.9	−3.4	3.4	35.6
		中旬	4.0	17.5	−7.2	2.8	30.7
		下旬	3.2	19.3	−10.0	6.5	37.7
		月	4.4	21.9	−10.0	12.7	104.0
	均县	上旬	5.9	20.7	−4.1	3.4	
		中旬	4.1	16.8	−7.8	2.8	
		下旬	3.4	17.9	−8.5	6.5	
		月	4.5	20.7	−8.5	12.7	
枣阳	枣阳国家站	上旬	6.5	21.0	−8.1	6.1	37.0
		中旬	4.9	18.3	−8.1	3.1	34.4
		下旬	3.8	19.9	−11.6	6.3	39.0
		月	5.1	19.9	−11.6	15.5	110.4
	熊河水库	上旬	6.5	18	−1.3	3.6	
		中旬	5.7	16.8	−4.2	1.0	
		下旬	4.9	18.3	−6.5	5.3	
		月	5.7	18.3	−6.5	9.9	

(4)12月主要农业气象灾害

①强冷空气及寒潮大风。②低温雨雪冰冻。

(5)农业气象条件利弊分析及农事建议

注意防范寒潮大风、低温雨雪天气对育苗大棚、晾房等设施的损坏。

附录B 雪茄烟叶生育期划分及特点

针对雪茄烟叶大田移栽期的确定，既要充分利用光、温、水、气等自然资源，又要不误时令，移栽期由气候条件、种植制度、品种特性、成苗素质等因素决定。气候条件需要考虑温度、无霜期、降水量及光照，即保证移栽时气温稳定通过12 ℃，最好能通过15 ℃，地面温度10 ℃以上，防止较长时间低温造成烟株冷害、“早花”现象，成熟期的气温应在20～25 ℃保持70 d以上，同时要把雨季高峰期调节到烟株的旺长需水关键期。不同生育时期解释如下：

(1)苗床期。播种到移栽前的这段时期。由于各地环境条件和农业技术措施的差异，苗床期长短相差较大，一般为50～60 d，个别地区可达80 d之多。苗床期可以根据烟苗生长的动态变化和阶段性形态特征，分为出苗期(从播种到出苗)、十字期(从出苗到十字)、生根期(从十字到小耳)和成苗期(从小耳到成苗)4个密切联系的生长发育时期。

(2)大田期。烟苗移栽到大田至采收烟叶结束的这段时期。大田期的长短因品种和栽培条件不同而有差异，一般为100～120 d。根据烟株生长的动态变化和阶段性形态特征，大田期大致可以分为移栽期(从移栽到成活)、伸根期(从成活到团棵，25～30 d)、旺长期(从团棵到现蕾，25～30 d)和成熟期(从现蕾到烟叶采收结束，50～60 d)4个密切联系的生长发育时期。

(3)出苗期。从播种到两片子叶展开，直至第1片真叶出生为出苗期。包衣种子育苗一般出苗期为10～15 d。此期幼苗生长缓慢，对温度和水分要求严格，需保温、保湿。

(4)十字期。从第1片真叶出现到第五片真叶出生，称“十字期”。当第1片和第2片真叶出现并与两片子叶交叉形成十字形时，称“小十字期”。第3片和第4片真叶与第1片和第2片真叶交叉形成较大的十字形称“大十字期”。此期对温、光、水、肥的反应比较敏感，栽培措施以齐苗、保苗为主，加强水分管理。

(5)生根期。从第3片真叶生出到第7片真叶出生为生根期。此期根系迅速生长和大量形成，地下部分生长快，生长中心在地下部分，而地上部分生长较为缓慢，5～6 d才生一片叶子，茎的生长量更小。此期要适当控制水分，保持良好的通气条件促进根系生长，并要及时间苗定苗、追肥，改善营养和光照条件。

(6)成苗期。从第7片真叶出生到烟苗有一定苗型，达到符合移栽标准(第8～10真叶生出)的时期，称为成苗期。此期幼苗已有完整的根系，吸收和合成能力已比较强，生长中心逐渐移至地上部，幼苗生长加快，叶片的生长、叶面积的扩大、茎的生长都比较迅速，到具有8～10片真叶时就可以移栽。此期适当控制水分，增加光照，适当剪叶、适施氮肥。

(7)移栽。从苗床移栽到大田。此期栽培管理原则是“促进生根、保证成活”。措施上主要采取移栽时施足底肥，选用壮苗带土移栽，井窖式移栽需“带水、带肥、带药”。

(8)伸根期。从成活到团棵这段时间称伸根期，一般需25～30 d。此期地上部分生长缓慢，根系为生长中心。当烟株高度达30～35 cm，叶数12～16片，植株外观看似球形，心叶下陷时，称为“团棵”，有些地方的烟农称“起斑鸠窝”。团棵后不久芽分化逐渐停止，叶数固定，因此伸根期是烟株旺长的准备阶段，是营养生长向生殖生长的转折时期。伸根期管理重点是深中耕高培土，追肥控水促根发达。

(9)现蕾。全部叶片伸展，植株顶端出现第一批花蕾。

(10)旺长期。从团棵到现蕾，烟株茎叶生长速度最快，故称这个时期为旺长期。由于到现蕾时完整的植株已形成，故又称为烟株形成期，一般需 25～30 d。旺长期是烟株营养生长与生殖生长并进的时期，也是决定烟叶产量和品质的关键时期。旺长期烟株对水分和养分的需求最大，因此，旺长期的栽培管理原则是“保持充足的土壤水分，以水溶肥，以肥促长”。但是，此期还必须根据烟株的生育状况和土壤肥力，做到促中有控，防止烟株徒长。

(11)成熟期。从现蕾到烟叶采收结束称为成熟期。烟株现蕾以后，烟叶自下而上逐渐落黄成熟，是烟叶品质形成的关键时期，一般为 50～60 d。成熟期营养生长与生殖生长矛盾突出，以采叶为目的的生产田，成熟期的栽培管理原则是“严格控制生殖器官的生长和腋芽的发生，改善群体光照条件，使生长朝着有利于光合产物在叶片中积累的方向发展，促进叶片及时成熟，最后实现优质适产”。措施上必须打顶和经常抹杈，适当控制水肥，掌握好烟叶成熟度，分批及时采收。

来凤县不同海拔地区雪茄烟叶生育平均时期统计见表 B.1。

表 B.1 来凤县不同海拔地区雪茄烟叶生育平均时期统计

<table>
<tr><th></th><th>海拔/m</th><th>生育期</th><th>时段</th><th>时长/d</th><th>判别标准</th></tr>
<tr><td rowspan="24">苗床期
50～60 d</td><td rowspan="6">400～600</td><td>播种</td><td>3 月 1—10 日</td><td>10</td><td></td></tr>
<tr><td>出苗</td><td>3 月 5—15 日</td><td>5～10</td><td>播种到叶片展开</td></tr>
<tr><td>小十字期</td><td>3 月 15—31 日</td><td>15～20</td><td>第 1 片真叶出现到第 2 片真叶出生</td></tr>
<tr><td>大十字期</td><td>4 月 1—10 日</td><td>10～15</td><td>第 3 片真叶出现到第 4 片真叶出生</td></tr>
<tr><td>生根期</td><td>4 月 10—15 日</td><td>5～7</td><td>第 5 片真叶出现到第 7 片真叶出生</td></tr>
<tr><td>成苗期</td><td>4 月 10—20 日</td><td>5～10</td><td>第 8～10 片真叶出现，有一定苗型，可移栽</td></tr>
<tr><td rowspan="6">600～800</td><td>播种</td><td>3 月 5—15 日</td><td>10</td><td>同上</td></tr>
<tr><td>出苗</td><td>3 月 10—20 日</td><td>5～10</td><td>同上</td></tr>
<tr><td>小十字期</td><td>3 月 20 日—4 月 5 日</td><td>15～20</td><td>同上</td></tr>
<tr><td>大十字期</td><td>4 月 5—20 日</td><td>10～15</td><td>同上</td></tr>
<tr><td>生根期</td><td>4 月 15—20 日</td><td>5～7</td><td>同上</td></tr>
<tr><td>成苗期</td><td>4 月 20—30 日</td><td>5～10</td><td>同上</td></tr>
<tr><td rowspan="6">800～1000</td><td>播种</td><td>3 月 8—18 日</td><td>10</td><td>同上</td></tr>
<tr><td>出苗</td><td>3 月 15—25 日</td><td>5～10</td><td>同上</td></tr>
<tr><td>小十字期</td><td>3 月 25 日—4 月 10 日</td><td>15～20</td><td>同上</td></tr>
<tr><td>大十字期</td><td>4 月 10—25 日</td><td>10～15</td><td>同上</td></tr>
<tr><td>生根期</td><td>4 月 20—25 日</td><td>5～7</td><td>同上</td></tr>
<tr><td>成苗期</td><td>4 月 20—30 日</td><td>5～10</td><td>同上</td></tr>
<tr><td rowspan="6">1000～1200</td><td>播种</td><td>3 月 8—18 日</td><td>10</td><td>同上</td></tr>
<tr><td>出苗</td><td>3 月 15—25 日</td><td>5～10</td><td>同上</td></tr>
<tr><td>小十字期</td><td>3 月 25 日—4 月 10 日</td><td>15～20</td><td>同上</td></tr>
<tr><td>大十字期</td><td>4 月 10—25 日</td><td>10～15</td><td>同上</td></tr>
<tr><td>生根期</td><td>4 月 20—25 日</td><td>5～7</td><td>同上</td></tr>
<tr><td>成苗期</td><td>4 月 20—30 日</td><td>5～10</td><td>同上</td></tr>
</table>

续表

	海拔/m	生育期	时段	时长/d	判别标准
	400～600	移栽期	4月20—30日	5～10	10片左右真叶，移栽需要考虑品种特性、气象条件、烟苗素质等
		缓苗期	4月30日—5月10日	5～10	移栽到成活时期
		伸根期	5月5日—6月5日	25～30	成活到团棵
		旺长期	6月5—30日	25～30	团棵到现蕾，茎秆迅速生长，每天增加3～4 cm，新叶不断出现，叶面积迅速扩展
		成熟采收	6月25日—8月20日	50～60	烟叶长宽已定型，叶内干物质积累大于分解，干物质总量达到高峰，不同部位叶片，成熟时间和成熟度不同
大田期 100～120 d	600～800	移栽期	4月25日—5月5日	5～10	同上
		缓苗期	5月3—13日	5～10	同上
		伸根期	5月15日—6月10日	25～30	同上
		旺长期	6月10日—7月10日	25～30	同上
		成熟采收	7月5日—8月31日	50～60	同上
	800～1000	移栽期	5月1—10日	5～10	同上
		缓苗期	5月10—20日	5～10	同上
		伸根期	5月20日—6月15日	25～30	同上
		旺长期	6月15日—7月15日	25～30	同上
		成熟采收	7月5日—9月5日	50～60	同上
	1000～1200	移栽期	5月5—15日	5～10	同上
		缓苗期	5月10—25日	5～10	同上
		伸根期	5月25日—6月20日	25～30	同上
		旺长期	6月20日—7月15日	25～30	同上
		成熟采收	7月10日—9月20日	50～60	同上

注：“同上”表示同一生育期的判别标准相同。